思茅松天然林林分结构及直径多样性变化及环境解释

欧光龙　胥　辉　王俊峰　等　著

U0248640

科学出版社

北京

内 容 简 介

本书以云南省普洱市思茅松天然成熟林为研究对象，在调查研究区澜沧县、思茅区和墨江县三个典型位点的45块样地的基础上，分析思茅松天然林林分直径、树高结构的峰度和偏度变化规律，采用Weibull方程和幂函数分别拟合林分直径和树高结构，采用相关性分析和CCA排序分析技术分析思茅松天然成熟林林分直径和树高结构的峰度和偏度值，以及拟合参数随林分因子、气候因子、地形因子、土壤因子的变化规律；另外，还分析了思茅松天然林直径多样性变化规律，并采用相关性分析和CCA排序分析技术解释其随林分因子、气候因子、地形因子、土壤因子的变化规律。

本书可为从事林分结构研究方面的科研人员提供科学指导，也可为森林经理学、森林生态学的本科生、研究生以及林业生产实践人员提供参考。

图书在版编目(CIP)数据

思茅松天然林林分结构及直径多样性变化及环境解释/欧光龙等著. —北京：科学出版社，2019.11
　　ISBN 978-7-03-057294-3

　　Ⅰ.①思… Ⅱ.①欧… Ⅲ.①思茅松-天然林-林分结构-生物多样性-研究-云南 Ⅳ.①S791.259.01

中国版本图书馆CIP数据核字 (2018) 第086380号

责任编辑：莫永国　孟　锐 ／责任校对：彭　映
责任印制：罗　科 ／封面设计：墨创文化

科学出版社 出版
北京东黄城根北街16号
邮政编码：100717
http://www.sciencep.com

成都锦瑞印刷有限责任公司 印刷
科学出版社发行　各地新华书店经销

*

2019年11月第　一　版　　开本：787×1092 1/16
2019年11月第一次印刷　　印张：10.25
字数：252 000

定价：95.00元
(如有印装质量问题，我社负责调换)

著者委员会

主　著　欧光龙　　胥　辉　　王俊峰

副主著　吴文君　　李　超

　　　　李潇晗　　黄明泉　　冷　燕

著　者　（按姓氏汉语拼音顺序）

　　　陈科屹　　黄明泉　　冷　燕　　李　超

　　　李恩良　　李潇晗　　闫妍宇　　欧光龙

　　　石晓琳　　孙雪莲　　王俊峰　　魏安超

　　　吴文君　　肖义发　　熊河先　　胥　辉

　　　徐婷婷　　张　博　　郑海妹　　周清松

前　言

　　林分结构是森林生长变化分析及森林经营管理研究的重要因子,一直以来都是林学研究的热点,受到了学者的广泛重视(雷相东和唐守正,2002;蒋娴,2013)。思茅松(*Pinus kesiya* var. *langbianensis*)是松科(Pinaceae)松属(*Pinus*)植物,属卡西亚松(*P. kesiya*)的地理变种,自然分布于云南热带北缘和亚热带南部半湿润地区(云南森林编写委员会,1988)。该树种是我国亚热带西南部山地的代表种和云南重要的人工造林树种。该树种作为重要的速生针叶树种,具有用途广泛、生长迅速的特点(西南林学院、云南省林业厅,1988)。思茅松林作为云南特有的森林类型,主要分布于云南哀牢山西坡以西的亚热带南部,其分布面积和蓄积量均占云南省有林地面积的11%(云南森林编写委员会,1988),具有重要的经济价值、森林生态服务功能和碳汇效益,分析并解释其林分结构变化规律对于准确把握其林分生长及变化规律,提升森林可持续经营管理水平具有重要意义。

　　鉴于此,本书依托国家自然科学基金项目"考虑枯损的单木生物量分配与生长率的相对生长关系及相容性生长模型构建"(31560209)、"基于空间回归的森林生物量模型研建"(31660202)、"亚热带典型森林单木生物量空间效应变化比较"(31760206)和"基于蓄积量的碳储量机理转换模型构建"(31160157),以及西南林业大学博士科研启动基金项目"环境灵敏的思茅松单木生物量因子模型构建"(111416)和云南省万人计划青年拔尖人才专项(YNWR-QNBJ-2018-184)等,以云南省普洱市思茅松天然成熟林为研究对象,在调查研究区澜沧县、思茅区和墨江县三个典型位点的45块样地的基础上,分析思茅松天然林林分直径和树高结构的峰度和偏度变化规律,并采用Weibull方程和幂函数分别拟合林分直径和树高结构,采用相关性分析和CCA排序分析技术分析了思茅松天然成熟林林分直径和树高结构的峰度和偏度值,以及拟合参数随林分因子、气候因子、地形因子、土壤因子的变化规律;另外,还分析了思茅松天然林直径多样性变化规律,并采用相关性分析和CCA排序分析技术解释其随林分因子、气候因子、地形因子、土壤因子的变化规律。

　　本书第1章综述目前森林林分结构及直径大小多样性研究概况,介绍本书的主要研究内容;第2章从研究区概况、数据调查、数据收集与处理等方面介绍本书相关研究的方法;第3章分析思茅松天然成熟林林分直径结构变化及其环境解释;第4章分析思茅松天然成熟林林分树高结构变化及其环境解释;第5章分析思茅松天然成熟林林分直径大小多样性变化及其环境解释。

　　本书是著者团队研究成果的总结,欧光龙和胥辉提出了研究的整体思路和实验设计,欧光龙和王俊峰负责了野外调查工作、室内数据分析处理工作以及文本撰写等工作,硕士研究生李超、间妍宇、熊河先参加了野外调查及数据处理分析工作,硕士研究生吴文君、黄明泉参加了部分文本撰写工作；此外，西南林业大学梁志刚等老师，肖义发、陈科屹、郑海妹、魏安超、孙雪莲、徐婷婷、张博等硕士研究生参加了野外调查及室内数据测定，普洱学院周清松副教授、墨江县林业局李恩良工程师参加了部分野外调查工作，同时，野外调查还得到了云南省普洱市林业局及墨江县林业局、澜沧县林业局、思茅区林业局相关同志的帮助。本书出版得到"西南林业大学西南山地森林资源保育与利用教育部重点实验室"、"西南林业大学西南地区生物多样性保育国家林业局重点实验室"、"云南省唐守正院士工作站"、"云南省王广兴专家工作站"和"西南林业大学林学一级学科"的共同资助。在此一并致谢！

　　由于时间仓促，加之作者水平有限，书中难免存在不足之处，恳请读者批评指正！

著者

2018 年 3 月于昆明

目　　录

第1章　绪论 ··· 1

　1.1　引言 ··· 1

　　1.1.1　研究背景及目的意义 ··· 1

　　1.1.2　林分结构研究概述 ··· 2

　　1.1.3　林分直径大小多样性研究 ··· 4

　　1.1.4　环境因子对林分结构的影响 ·· 5

　　1.1.5　排序研究概述 ·· 6

　1.2　主要内容 ··· 7

　　1.2.1　思茅松林分直径结构变化及环境解释 ································ 7

　　1.2.2　思茅松林分树高结构变化及环境解释 ································ 7

　　1.2.3　思茅松天然林林分直径多样性变化及其环境解释 ················ 7

第2章　研究方法 ··· 9

　2.1　研究区概况 ··· 9

　2.2　数据调查与测定 ··· 10

　　2.2.1　样地调查 ·· 10

　　2.2.2　数据测定 ·· 11

　2.3　环境因子数据收集与整理 ··· 11

　　2.3.1　地形因子数据 ·· 11

　　2.3.2　气候因子数据收集 ·· 12

　　2.3.3　林分因子数据整理 ·· 12

　2.4　数据分析与处理 ··· 13

　　2.4.1　思茅松林分直径结构变化及其环境解释 ···························· 13

　　2.4.2　思茅松林分树高结构变化及其环境解释 ···························· 14

　　2.4.3　思茅松天然林林分直径大小多样性变化分析 ······················ 15

第3章　思茅松天然林林分直径结构变化及其环境解释 ··················· 17

　3.1　思茅松天然林林分直径结构变化分析 ······································· 17

　　3.1.1　思茅松天然林林分直径结构的峰度和偏度变化 ··················· 17

　　3.1.2　思茅松天然林林分直径结构的分布拟合 ···························· 19

　3.2　思茅松天然林林分直径结构变化的环境解释 ······························ 22

　　3.2.1　思茅松天然林林分直径结构变化与环境因子相关性分析 ········· 22

　　3.2.2　思茅松天然林林分直径结构变化的排序分析 ······················ 62

3.3　讨论 ·· 74

3.4　小结 ·· 75

第 4 章　思茅松天然林林分树高结构变化及其环境解释 ··············· 77

4.1　思茅松天然林林分树高结构变化分析 ···························· 77

4.1.1　思茅松天然林林分树高结构的峰度和偏度变化 ······· 77

4.1.2　思茅松天然林林分树高结构的分布拟合 ················· 79

4.2　思茅松天然林林分树高结构变化的环境解释 ················· 81

4.2.1　思茅松天然林林分树高结构变化与环境因子相关性分析 ··· 81

4.2.2　思茅松天然林林分树高结构变化的排序分析 ··········· 112

4.3　讨论 ·· 125

4.4　小结 ·· 126

第 5 章　思茅松天然林林分直径多样性变化及其环境解释 ··········· 127

5.1　思茅松天然林林分直径大小多样性分析 ······················· 127

5.1.1　思茅松天然林林分直径大小多样性变化 ················· 127

5.1.2　思茅松天然林林分直径大小多样性差异比较 ··········· 128

5.2　思茅松天然林林分直径大小多样性变化的环境解释 ········ 132

5.2.1　思茅松天然林林分直径大小多样性与环境因子的相关性分析 ··· 132

5.2.2　林分直径大小多样性的 CCA 排序分析 ·················· 139

5.3　讨论 ·· 144

5.4　小结 ·· 145

参考文献 ··· 147

附表 ·· 150

第1章 绪 论

1.1 引 言

1.1.1 研究背景及目的意义

1.1.1.1 研究背景

森林作为陆地生态系统的主体,具有自身的特征和规律,揭示这些特征和规律,可为从整体上把握生态系统的可持续发展,以及森林资源的合理利用、社会经济发展等提供可靠的数据支撑(胡文力等,2003;牛赟等,2014)。长期以来,林分结构的研究一直都是森林经理学研究的重点内容(周永奇,2014)。近年来,随着森林经营管理水平的逐步提高,林业生产实践中也需要更加完善的林分结构规律、空间分配与分布等林分信息,同时,详细的林分信息对指导林业生产经营、林业科学研究具有非常重要的参考价值。

林分结构是指不论何种类型的林分,在未遭受严重干扰,并且经过长期的自然生长的情况下,林分内多种特征因子,如直径、树高、干形、材积、树冠、年龄、树种组成,都呈现出一定的分布状态,并且向比较稳定的结构方向发展(孟宪宇,2006)。林分结构能表现出林分的重要特征,林分结构合理与否,直接决定了森林能否充分发挥它的多功能效益。因此,林分结构的研究对于森林的可持续经营、优化决策等方面具有重要理论意义(张建国等,2004)。林分直径不仅直接影响着林木的树高、形数、材积、树冠等因子的变化,而且是最重要、最基本的林分结构(黄家荣等,2006)。无论是在理论上还是经营利用上,林分直径结构分布不但可以估算森林生物量、蓄积量,而且可为指导森林可持续经营等提供主要依据(姚能昌等,2012)。林木树高结构与直径分布、材积具有一定的关系,并且易于测定。树高,特别是林分平均高和优势高是计算林分地位级的重要指标,而且林分树高结构规律在林业的经营管理技术实施中有着重要意义(孟宪宇,2006;欧光龙等,2013)。林分结构是对林分发展过程的反映,而林分结构多样性是表征林分结构状况的重要指标,一定程度上决定了林分结构的稳定性(雷相东,2003;张连金等,2015)。林木大小多样性是与林分结构最相关的指标,它主要体现在胸径、树高、冠幅等结构变异,由于林分胸径易于测定,而且同树高、冠幅等因子密切相关,因此直径大小多样性常用来描述林木大小多样性(Pommerening,2002;孟宪宇,2006)。考虑到实现森林的可持续经营,充分发挥其生态效益和社会效益,因此客观评价林木大小多样性是十分必要的(Buongiorno et al.,1994)。

　　林分结构是森林经营、林业分析中的重要因子，是林学研究的热点和难点，受到了学者的广泛重视(雷相东和唐守正，2002；蒋娴，2013)。当前，有关林分结构的研究更多集中在树种组成、胸径与树高结构、年龄结构、空间结构等方面(董灵波等，2014；欧光龙等，2014；张文辉等，2005；刘奉强等，2010)。森林生态系统与环境之间存在复杂的交互作用，林木生长是林分、地形、土壤、气候等多种环境因子共同作用的结果。林分因子、海拔、坡度、经纬度、土壤厚度、当地水热条件等环境因子对林分结构分布都有一定程度的影响(肖兴威，2004)。鉴于此，本研究在林分直径结构、林分树高结构以及林分直径多样性研究的基础上分析了环境因子(林分、地形、土壤和气候)对它们的影响。

　　思茅松(*Pinus kesiya* var. *langbianensis*)属松科松属常绿乔木，为卡西亚松(*P. kesiya*)地理变种，主要生长在云南省南部、南亚热带以及热带半湿润地区，是我国亚热带西南部山地的代表树种。由于树干端直高大、生长迅速、材质优良、用途广泛等优点，近年来，已成为云南省重要的人工造林树种以及用材树种，而且其分布面积占云南省有林地面积的11%，蓄积量高达 1 亿 m³，具有重要的经济价值、生态意义和碳汇效益(云南森林、云南树木图志)。

　　综上所述，林分结构是林分研究的重要内容，尤其在环境因子(林分、地形、土壤和气候)的影响下，林分结构的特征更是成为林分研究的重点。目前，林分结构的研究多以林分结构分布规律、动态变化等方面为主，缺乏环境因子对呈现出某种结构特征的影响。因此，本研究以思茅松天然林为研究对象，考虑到环境因子对林分结构特征的影响，并借助相关性分析和典范对应分析(canonical correspondence analysis，CCA)方法，揭示思茅松天然林林内总体、思茅松和其他树种林分结构、林分直径大小多样性与环境因子(林分、地形、土壤和气候)之间的关系，以期为思茅松天然林资源的科学经营管理、可持续开发利用提供理论参考。

1.1.1.2　研究目的和意义

　　目的：研究思茅松天然林内总体、思茅松和其他树种的林分直径结构、林分树高结构以及林分直径大小多样性；分析林分内总体、思茅松和其他树种的林分直径结构、林分树高结构以及林分直径大小多样性之间存在的关系；探讨林分内总体、思茅松和其他树种的林分直径结构、林分树高结构以及林分直径大小多样性与环境因子(林分、地形、土壤和气候)之间的生态学关系。

　　意义：为直观展现和调整林分结构、促进林分生长、增加林分收获量、提高森林经营水平提供理论依据；探讨这些规律，对林业生产实践、森林经济效益、社会效益以及生态效益具有重要的参考价值。

1.1.2　林分结构研究概述

　　林分结构研究是森林经营管理的理论基础，是林学研究的热点、难点，不同专家从不同的角度对林分结构的概念作出了不同的定义。李毅和孙雪新(1994)把林分中树种、株数、胸径、树高等因子的分布状态称为林分结构。孟宪宇(2006)在《测树学》中提出,不论是人工林还是天然林,在未遭受严重干扰的情况下,经过长期的自然生长、枯损与演替,林分内部许多特征因子,如直径、树高、形数、材积、树冠以及复层异龄混交林中的林层、年龄和树种组成等,都具有一定的分布状态,而且表现出较为稳定的结构规律性,称为林分结构规律。胡文力等(2003)认为林分结构是指一个林分或整个森林经营单位的树种、株数、年龄、径级以及林层等基本测树因子构成的类型。姚爱静等(2005)指出一个林分内部的树种组成、个体数、直径分布、年龄分布、树高分布和空间配置等称为林分结构。惠刚盈和胡艳波(2001)把林分结构分为林分空间结构和林分非空间结构。林分空间结构是指林木的分布格局及其属性在空间上的排列方式;林分非空间结构与林木的具体位置无关,又称为属性结构,它包括直径结构、生长量和树种多样性等。在森林的经营管理中研究非空间结构主要是研究林分的树种组成、年龄组成、直径结构、树高结构等林分基本结构因子(胡艳波和惠刚盈,2006)。

　　林分直径结构也称林分直径分布,是指在林分内各种直径大小的林木按径阶的分配状态(孟宪宇,2006)。直径结构对林木的树高、材积、树冠、干性等因子的变化有直接的影响,是最重要、最基本的林分结构(黄家荣等,2006;国红和雷渊才,2016)。再者,从森林经营管理的角度来看,它不但是直接检验经营措施效果的依据,而且直接关系到林分生物量、蓄积量、材种规格以及森林的经济、社会、生态效益(闫东锋等,2006)。因此,林分直径结构分布的研究具有重要的科研价值和实践意义。林分直径结构的研究初期其方法主要集中在列点法和林分表法,随着计算机技术的发展和进步,近年来有关林分直径分布规律的研究,多借助于数理统计中的各种概率密度函数,如正态分布、对数正态分布、Weibull 分布、β 分布、Γ 分布等分布函数(张建国等,2004;姚爱静等,2005;黄家荣,2000;宁小斌等;2012;王香春等,2011;周永奇,2014)。胥辉和屈燕(2001)以思茅松天然次生林 3 块样地资料为依据,研究其林分直径结构变化规律,发现 Weibull 分布取得最优的拟合效果。Nishimura 等(2003)研究了常绿阔叶林的直径结构,结果表明,优势树种的直径分布呈现双峰态。从林分的垂直空间结构来看,上层林和下层林中的其他非优势树种呈单峰分布状态。董文字等(2006)利用常用的分布对日本落叶松林分直径分布进行了拟合研究,结果表明,分布对不同偏度、峰度单峰山状曲线的拟合效果较好。同时,在一定范围内,还可用于拟合"反 J"型曲线。张文勇(2011)借助Weibull 分布、正态分布来描述思茅松幼龄林和中龄林林分直径结构,结果表明,林分竞争、分化激烈的林用 Weibull 分布描述林分直径结构较正态分布合适,而林分竞争、分化不太激烈的林分,用正态分布描述林分直径结构较 Weibull 分布合适。姚能昌等(2012)基于云南省思茅松连续 5 年森林资源清查数据,采用偏度、峰度、直径变动系数、径阶株树分布、直径积累分布等指标对思茅松天然林林分直径结构动态变化规律及其密度效应进行了探讨。

　　林分树高结构也称林分树高分布,是指在林分中不同树高的树木按树高组的分配状态

（孟宪宇，2006）。树高结构也是研究林分结构中常用到的结构因子之一，了解和把握林分树高分布的规律对评价立地质量、林分密度的控制以及林业经营技术的实施具有实际意义（周永奇，2014；欧光龙等，2014）。林分树高结构与林分直径结构具有一定的关系，同直径结构类似，常用直方图或者结合树高的高阶分布株数来描述树高结构特征，也可以借助分布函数拟合法对树高结构进行拟合分析(孟宪宇，1988；周永奇，2014)。孟宪宇(1988)提出，当林分直径与树高之间存在幂函数关系时，如果林分直径分布符合 Weibull 分布时，那么林分树高分布也符合 Weibull 分布。陈东来和秦淑英(1994)借助 73 块山杨天然林标准地数据对林分结构进行了研究，结果表明该地区林分直径遵从 Weibull 分布时，树高结构和年龄结构也遵从 Weibull 分布。郭丽虹和李荷云(2000)通过对 8 个年龄段桤木人工林树高结构进行拟合，结果表明，桤木人工林的树高分布符合左偏的 Weibull 分布。欧光龙等(2014)对云南省思茅区思茅松天然次生林 15 块固定样地进行了研究，结果显示，思茅松胸径分布符合 Weibull 分布，树高分布符合幂函数分布。

1.1.3　林分直径大小多样性研究

林木大小多样性是森林结构多样性的重要组成部分，在一定程度上决定了林分的稳定性。它表现在林分的水平结构(林木直径大小多样性)、垂直结构(林木树高大小多样性)和年龄结构(Macarthur R H and Macarthur J W，1961；Buongiorno et al.，1994)。描述林分大小的因子包括胸径、树高、冠幅等，由于胸径易于获取，而且与其他因子(树高、冠幅等)之间高度相关，因此直径普遍被用于描述林木大小多样性(白超和惠刚盈，2016)。

生态学中有许多指标量化林木大小多样性，其中，量化直径大小多样性的指标有：Shannnon 指数、Simpson 指数、断面积 Gini 指数、 Margalef 指数等 8 个指标(雷相东和唐守正，2002；Lexerød et al.，2006)。客观恰当地量化表达林木直径大小多样性对评价天然林或人工林的经济、生态、社会价值以及经营措施实施至关重要。目前，国内有少部分学者对林木直径大小多样性进行了研究。向玮等(2011)把以各径级断面积的频率计算的Shannnon 指数值引入了落叶松云冷杉林非线性矩阵生长模型。舒树淼等(2015)采用Shannnon 指数计算云南松天然次生纯林样地内胸径多样性并分析立地条件、林分结构对胸径多样性的影响。白超和惠刚盈(2016)采用 6 块定位不同的树种样地数据，对比分析 6种直径大小多样性量化测度指数：基于直径分布的 Simpson 指数、Shannon 指数及单木断面积 Gini 指数，基于直径大小分化度的 Simpson 指数、Shannon 指数及其均值。结果发现基于直径大小分化度的 3 个量化测度指数能够很好的表达林木直径大小多样性。李超等(2016)选用 Simpson 指数、Shannon 指数及单木断面积 Gini 指数作为思茅松天然林林分总体、思茅松和其他树种的林分直径大小多样性量化指标，并分析了总体、思茅松及其他树种的林分直径多样性存在的关系。

1.1.4　环境因子对林分结构的影响

1.1.4.1　林分因子对林分结构的影响

森林与环境之间存在复杂的交互作用,林木生长是林分、地形、土壤以及气候等多种环境因子共同作用的结果(薛建辉,2006;李超等,2016)。林分结构通常是指林木的水平分布、垂直分布,它反映了立地、水热、光照和竞争植物等环境因素综合作用的结果(Moeur,1993)。已有研究表明:林分平均胸径、林分密度、海拔、坡度、经纬度、土壤厚度等环境因子对林分结构影响明显,温度和降水对林木生长的影响在众多的气象因子中表现比较显著(肖兴威,2004;高洪娜和高瑞馨,2014)。

林业经营管理中,林分因子诸如林分年龄、林分平均胸径、林分平均高、林分优势高是用以计算立地地位级的重要依据,林分密度、林龄也是影响生产力的主要因素(孟宪宇,2006;黄兴召等,2017)。肖兴威(2004)在影响亚热带东部森林结构的因子分析中得出林分平均胸径对林分结构的影响最显著,林分密度次之。林贤山(2007)在杉木林林分郁闭度对南方红豆杉幼树生长的影响研究中指出:林木的生长随郁闭度的减小而增大。杨利华等(2013)的研究表明:思茅松不同密度对其胸径具有显著的影响,平均胸径随林分密度指数的增大而减小;而且随着林分年龄的增大,密度效应逐渐显著。舒树淼等(2015)研究认为,立地条件对林木大小多样性存在直接和间接影响,对胸径多样性的直接和间接影响系数均为0.23。林分密度指数与 Shannon 指数和 Simpson 指数具有显著关系,主要是由于林分密度影响胸径的生长,随着林分密度的增加,林分平均胸径减小,直径分布的离散程度就越大(陈学群和朱配演,1994)。

1.1.4.2　地形因子对林分结构的影响

地形是影响林木生长的重要因素,不同的地形条件下,林木的生长发育及生产力均有差异(李超等,2016;杨俊松等,2016)。朱彪等(2004)研究结果显示:海拔对群落结构特征的影响较坡度、坡向明显。刘小菊等(2007)的分析结果表明,地形因子中的海拔是影响思茅松生长的显著因子,坡度次之,坡向最不显著。范叶青等(2013)的研究表明,海拔、坡向、坡位和坡度 4 个地形因子对毛竹林分结构均有显著影响,但海拔、坡度比坡向、坡位的影响更为明显。

1.1.4.3　土壤因子对林分结构的影响

土壤是森林植物生长发育的基础。蒋云东等(2005)研究表明,土壤化学性质对思茅松生长影响较大的是土壤 pH、速效磷含量、水解酸含量、有机质含量、全氮、全磷和全钾的含量,可见土壤因子会影响林木生长,从而对林分结构产生影响。白晓航等(2017)认为凋落层土壤厚度、土壤温度、土壤湿度、干扰程度等环境因子对森林群落乔木层优势树种有重要的影响。

1.1.4.4 气候因子对林分结构的影响

林木的生长发育、分布受气候条件的影响和制约。其中，温度、降水对林木的生长和分布的影响较为突出(刘丹等，2007)。王襄平(2006)通过研究得出，在气候因子中，生长季降水以及热量对东北地区森林群落结构分布格局的解释力最强。张进献(2010)的研究结果显示：年平均气温和年平均最高气温对林分直径生长的影响最大，其中林木生长与年平均气温呈正相关，而与年平均最高气温呈负相关。

1.1.5 排序研究概述

排序分析也叫梯度分析(gradient analysis)，是研究植物群落与环境因子之间相互关系的一类多元分析方法(晋瑜，2005)。它是把样方或者植物种类排列在一定空间，使得排序轴能够反映出一定的生态梯度，从而能够解释植被或植物种的分布与环境因子之间的生态关系(陈宝瑞，2007)。排序分析开始于 20 世纪 50 年代，在植被生态学的研究领域常用的分析方法有主分量分析(principal component analgsis，PCA)、对应分析(correspondence analgsis/reciprocal averaging，CA/RA)、极点排序(polar ordination，PO)、除趋势对应分析(detrended correspondence analysis，DCA)、典范对应分析(canonical correspondence analysis，CCA)、除趋势典范对应分析(detrended canonical correspondence analysis，DCCA)等，而且这些分析方法的研究精度在逐渐提高，对植被与环境因子之间的关系分析的越来越精细(陈宝瑞，2007；张金屯，2011)。排序分析作为植被分析的重要手段，更形象、更客观的反映植被与环境之间的关系，可以更好的用于植物群落与地形、土壤、气候等环境因素的生态学分析中。排序分析融合了几何学、矩阵分析、因子分析等数学方法，是一种具有很大发展潜力的数量生态学方法，在未来植被生态学研究中会更加受到重视。PCA、CA/RA、DCA 仍会是主要使用的排序方法，但是 CCA、DCCA 等也将会被更广泛的采用。典范对应分析(CCA)、除趋势典范对应分析(DCCA)是两种限定排序方法，限定排序(constrained ordination)又称直接梯度分析法，其排序坐标值不仅依赖于植被组成数据，而且依赖环境数据。限定排序坐标值的计算虽然限定要同环境因子相结合，但是限定排序又具有很强的优越性，可以结合多个环境因子，包含的信息量大，能更好地分析植被与环境的生态关系(张金屯，1992)。

由 Braak 提出的典范对应分析(CCA)是一种非线性多元直接梯度分析方法，它把分析与多元回归结合起来，能够直接分析自变量与因变量之间的关系。它是专为分析植物和影响因子关系而设计的，需要研究对象和环境因子两个数据矩阵来完成(Braak，1986；郭晋平，2001；丁献华等，2011)。由于 CCA 排序分析形象直观，操作方便，能够客观的反映物种与物种，物种与环境之间的生态关系，这种方法在生态学领域得到了广泛的应用(贺梦璇等，2015；王鑫等，2017)。

近年来，植物排序方法被广泛的应用到植物生态学研究中，该方法已然成为植被生态学研究物种与环境关系的重要方法之一。运用这种方法不仅可以把植物群落的分布格局与环境因素进行客观定量地分析，而且可以给出群落类型分布及其环境梯度的具体关系(Hernandezstefanoni et al.，2006；Zhang et al.，2010；许莎莎等，2011；胡贝娟等，2013)。我国的学者也在课题研究中广泛使用相应的排序方法。张金屯(1992)应用 CCA 和 DCCA 两种限定排序方法分析了威尔士北部 Aber 山谷植物群落与环境因子之间的关系，研究结果确定了在植被与环境关系的研究中，CCA 和 DCCA 排序是值得推荐的。陈宝瑞(2007)利用基于 CCA 排序的趋势面分析以及插值分析，对呼伦贝尔草地群落结构空间趋势进行了分析。周彬等(2010)采用典范对应分析(CCA)对北京山区的森林景观格局与环境因子的关系进行了研究，取得了良好的效果。郑超超等(2015)利用浙江省江山市 80 个公益林固定小班监测数据，基于 CCA 排序等方法对研究区内群落优势种种间关系及其与环境的关系进行了研究。

1.2 主 要 内 容

1.2.1 思茅松林分直径结构变化及环境解释

以云南省普洱市思茅松天然成熟林为研究对象，在调查研究区墨江县、思茅区和澜沧县三个典型位点 45 块样地的基础上，分析思茅松天然林林分内总体、思茅松和其他树种的林分直径结构的峰度和偏度变化规律，并采用 Weibull 方程拟合林分直径结构，采用相关性分析和 CCA 排序分析技术分析思茅松天然成熟林林分直径结构的峰度和偏度值，以及拟合参数随林分因子、地形因子、土壤因子、气候因子的变化规律。

1.2.2 思茅松林分树高结构变化及环境解释

以云南省普洱市思茅松天然成熟林为研究对象，在调查研究区墨江县、思茅区和澜沧县三个典型位点 45 块样地的基础上，分析思茅松天然林林分内总体、思茅松和其他树种的林分树高结构的峰度和偏度变化规律，并采用幂函数拟合林分树高结构，采用相关性分析和 CCA 排序分析技术分析思茅松天然成熟林林分树高结构的峰度和偏度值，以及拟合参数随林分因子、地形因子、土壤因子、气候因子的变化规律。

1.2.3 思茅松天然林林分直径多样性变化及其环境解释

以云南省普洱市思茅松天然成熟林为研究对象，在调查研究区墨江县、思茅区和澜沧县三个典型位点 45 块样地的基础上，分析思茅松天然林林分内总体、思茅松和其他树种的直径大小多样性变化规律，并采用相关性分析和 CCA 排序分析技术解释其随林分因子、地形因子、土壤因子、气候因子的变化规律。

第2章 研 究 方 法

2.1 研究区概况

    研究区位于云南省普洱市，该市位于云南省西南部，普洱市境内群山起伏，全区山地面积占 98.3%，地处北纬 22°02′～24°50′、东经 99°09′～102°19′，北回归线横穿中部。东临红河、玉溪，南接西双版纳，西北连临沧，北靠大理、楚雄。总面积 45385km²，是云南省面积最大的州(市)，全市海拔为 317～3370m。普洱市曾是"茶马古道"上的重要的驿站。由于受亚热带季风气候的影响，这里大部分地区常年无霜，是著名的普洱茶的重要产地之一，也是中国最大的产茶区之一。

    全市年均气温 15～20.3℃，年无霜期在 315d 以上，年降雨量 1100～2780mm。全市森林覆盖率高达 67%，有 2 个国家级、4 个省级自然保护区，是云南"动植物王国"的缩影，是全国生物多样性最丰富的地区之一；是北回归线上最大的绿洲，是最适宜人类居住的地方之一。

    全市林业用地面积约 310.4 万 hm²，是云南省重点林区、重要的商品用材林基地和林产工业基地。

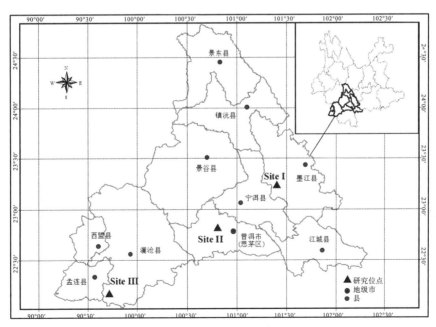

图 2.1   研究区位置示意图

2.2   数据调查与测定

2.2.1   样地调查

本研究样地调查在普洱市墨江县、思茅区、澜沧县三个县区。结合当地伐木实际开展调查工作，选择墨江县的通关镇(Site I)、思茅区的云仙乡(Site II)及澜沧县的糯福乡(Site III)的伐区作为研究位点(表 2.1、图 2.1)。

表 2.1   研究位点基本情况表

	研究位点	经纬度		海拔	样地数
Site I	墨江县通关镇	N23°19′20.4″～23°19′26.5″	E101°24′0.9″～101°24′15.6″	1300～1620m	15
Site II	思茅区云仙乡	N22°49′28.8″～22°50′30.1″	E100°47′25.0″～100°47′46.7″	1080～1460m	15
Site III	澜沧县糯福乡	N22°11′29.1″～22°11′42.3″	E99°42′33.8″～99°42′48.8″	1260～1560m	15

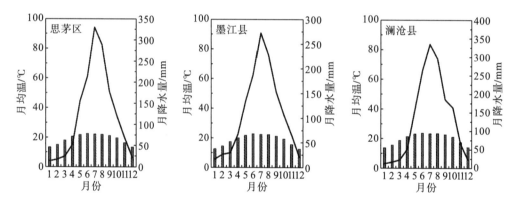

图 2.2   研究区三个位点气候图谱

在三个位点分别调查 15 个思茅松天然林样地，样地面积为 600m^2，共计 45 个样地(表 2.2)。其中，部分样地除了思茅松外，还伴生有其他树种，诸如，滇青冈(*Cyclobalanopsis glauca*)、艾胶树(*Glochidion lanceolarium*)、茶梨(*Anneslea fragrans*)、密花树(*Rapanea nerrifolia*)、水锦树(*Wendlandia uvariifolia*)、红木荷(*Schima wallichii*)等。对样地内乔木进行每木检尺(起测径阶 6cm)，同时记录物种名称、胸径和树高，并计算林分平均胸径、林分平均高、林分优势高等数据；记录样地经纬度、海拔、坡度、坡向等基本地形因子；采集样地内土壤样品，并进行室内测定。

表 2.2　样地基本特征表

变量	样本数	最小值	最大值	平均值	标准差
林分平均高/m	45	9.85	26.03	16.09	0.58
林分优势高/m	45	13.50	31.10	20.52	0.61
林分平均胸径/cm	45	9.91	22.19	14.82	0.39
林木株数/株	45	38.00	205.00	94.60	4.38
林分总胸高断面积/m^2	45	0.8868	2.4163	1.5455	0.0488
林分平均胸高断面积/m^2	45	0.0077	0.0387	0.0178	0.0009
林分蓄积/（m^3/hm^2）	45	85.29	360.60	204.48	9.87

2.2.2　数据测定

土壤数据测定：土壤样品带回实验室处理，测定常规八项指标，即土壤 pH、土壤有机质含量(OM)、全氮(TN)、全磷(TP)、全钾(TK)、水解性氮(HN)、有效磷(YP)、速效钾(SK)。

2.3　环境因子数据收集与整理

2.3.1　地形因子数据

通过实地调查，将样地及样木所处位置的地形因子(海拔、坡向和坡度)进行记录整理，并分级(表 2.3～表 2.5)。

表 2.3　海拔因子分级及代码表

赋值	划分标准	赋值	划分标准
1	1200m 及以下	4	1400～1500m
2	1200～1300m	5	1500m 以上
3	1300～1400m		

表 2.4　坡向因子分级及代码表

赋值	坡向	划分标准	赋值	坡向	划分标准
1	北坡	方位角 337.5°～22.5°	5	南坡	方位角 157.5°～202.5°
2	东北坡	方位角 22.5°～67.5°	6	西南坡	方位角 202.5°～247.5°
3	东坡	方位角 67.5°～112.5°	7	西坡	方位角 247.5°～292.5°
4	东南坡	方位角 112°～157.5°	8	西北坡	方位角 292.5°～337.5°

表 2.5　坡度因子分级及代码表

赋值	坡度级	划分标准	赋值	坡度级	划分标准
1	平坡	坡度小于 5°	4	陡坡	坡度 25°～35°
2	缓坡	坡度 5°～15°	5	急坡及险坡	坡度 35°以上
3	斜坡	坡度 15°～25°			

2.3.2　气候因子数据收集

本研究所用的气候数据是从环境气候网站 WORLDCLIM（http：//www.worldclim.org）获得。该数据基于 1970～2000 年间的最小月均温、最大月均温和平均月均温，以及月平均降水数据计算而来。所有的气候指标数据图层在 ArcGIS10.1 软件平台上，利用 Spatial Analyst Tools 中的 Extraction 工具，根据样点的经纬度坐标提取信息，将所有数据提取后整理保存（表 2.6）。

表 2.6　气候数据指标表

气候变量	变量描述	气候变量	变量描述
bio1	年均温	bio11	最冷季平均温度
bio2	平均周温度变化范围	bio12	年降雨量
bio3	等温性	bio13	最湿月降雨量
bio4	温度季节性变化	bio14	最干月降雨量
bio5	极端最高温	bio15	降雨量季节性变化
bio6	极端最低温	bio16	最湿季降雨量
bio7	年均温变化范围	bio17	最干季降雨量
bio8	最湿季平均温度	bio18	最热季降雨量
bio9	最干季平均温度	bio19	最冷季降雨量
bio10	最热季平均温度		

2.3.3　林分因子数据整理

1. 地位指数计算

地位指数（site index，SI）引用王海亮（2003）的思茅松天然林次生林地位指数计算公式。其计算公式如下：

$$SI = H_t \cdot \exp\left(\frac{15.46}{A} - \frac{15.46}{20}\right) \tag{2.1}$$

式中，SI——地位指数；

H_t——林分优势木平均高；

A——林分年龄，基准年龄取值为 20 年。

2. 林分密度指数计算

林分密度指标选取 Reineke（1931）提出的林分密度指数（stand density index，SDI），其计算公式中相关指数参考王海亮（2003）提出的思茅松林分密度指数计算参数值，其计算公式及参数如下：

$$\text{SDI} = N\left(\frac{D_0}{D}\right)^b = N \cdot \left(\frac{12}{D}\right)^{-1.936} \tag{2.2}$$

式中，SDI——林分密度指数；

N——现实林分中每公顷株数；

D_0——标准平均直径［参考王海亮（2003）的研究成果，其值为 12cm］；

D——现实林分平均直径；

b——完满立木度林分的株数与平均直径之间的关系斜率值［参考王海亮（2003）的研究成果，其值为 -1.936］。

2.4 数据分析与处理

2.4.1 思茅松林分直径结构变化及其环境解释

2.4.1.1 林分直径结构的峰度和偏度计算

统计各样地胸径分布的频数数据，径阶距为 2cm，计算各样地的树高和胸径的偏度（skewness，本书简写为 SKEW）和峰度（kurtosis，本书简写为 KURT）。

$$\text{SKEW} = \frac{n}{(n-1)(n-2)} \sum_{i=1}^{n}\left(\frac{X_i - \overline{X}}{S}\right)^3$$

$$\text{KURT} = \left[\frac{n(n+1)}{(n-1)(n-2)(n-3)} \sum_{i=1}^{n}\left(\frac{X_i - \overline{X}}{S}\right)^4\right] - \frac{3(n-1)^2}{(n-2)(n-3)}$$

式中，SKEW——偏度；

KURT——峰度；

n——林分内林木株数；

X_i——径阶级的值；

$\overline{X}$——所有径阶均值；

S——胸径径阶的标准差。

偏度和峰度是表示分布形态的统计量，它们用来描述数据分布的整个形态特征。偏度是衡量数据分布对称性的指标，当数据关于均值对称分布时，偏度为 0；当数据向右偏，即数据更为分散时，偏度大于 0；当数据向左偏，即左边的数据更为分散时，偏度小于 0。峰度是衡量数据分布尖峭程度的指标，当数据分布为标准正态分布时，峰度为 0；当数据分布比标准正态分布更尖峭，或说尾部更扁平时，峰度大于 0；当数据分布比标准正态分布更平缓，或说尾部更厚重时，峰度小于 0。

2.4.1.2 林分直径结构的 Weibull 分布函数拟合

采用 Weibull 分布函数拟合林分直径结构变化，Weibull 分布函数公式为

$$Y = a \times \left\{ 1 - \exp\left[-\left(\frac{X}{b}\right)^c \right] \right\}$$

式中，Y——不同径阶的株数累计值；

X——径阶值；

a——位置参数；

b——尺度参数；

c——形状参数。

2.4.1.3   基于林分直径结构变化与环境因子的相关性分析

采用 SPSS 软件分别分析林分内总体、思茅松和其他树种的林分直径结构的峰度、偏度指标以及 Weibull 拟合参数与环境因子(林分、地形、土壤和气候)之间的相关关系。

2.4.1.4   基于排序的林分直径结构变化的环境解释

采用 Canoco 软件分别对样地的林分、地形、土壤和气候因子与思茅松天然林林分内总体、思茅松和其他树种的林分直径结构的峰度和偏度指标，以及 Weibull 拟合参数进行 CCA 直接梯度排序分析，揭示林分直径结构变化与各环境因子的关系。

2.4.2 思茅松林分树高结构变化及其环境解释

2.4.2.1   林分树高结构峰度和偏度计算

统计树高级频数数据，树高级距为 1m。计算各样地树高的偏度和峰度指标。

$$\text{SKEW} = \frac{n}{(n-1)(n-2)} \sum_{i=1}^{n} \left(\frac{X_i - \overline{X}}{S}\right)^3$$

$$\text{KURT} = \left[\frac{n(n+1)}{(n-1)(n-2)(n-3)} \sum_{i=1}^{n} \left(\frac{X_i - \overline{X}}{S}\right)^4 \right] - \frac{3(n-1)^2}{(n-2)(n-3)}$$

式中，n——林分内林木株数；

X_i——树高级的值；

$\overline{X}$——所有树高均值；

S——树高级的标准差。

2.4.2.2　林分树高结构的幂函数拟合

采用幂函数模型拟合树高结构。幂函数公式为

$$Y = a \times X^c$$

式中，Y——不同树高级的树种株数累积值；

　　　X——树高级；

　　　a、c——模型参数。

2.4.2.3　基于林分树高结构变化与环境因子的相关性分析

采用 SPSS 软件分别分析林分内总体、思茅松及其他树种的林分树高结构的峰度、偏度指标与 Weibull 拟合参数，并与气候、地形、土壤和林分等环境因子进行相关性分析。

2.4.2.4　基于排序的林分树高结构变化环境解释

采用 Canoco 软件分别对样地的林分、地形、土壤和气候因子与思茅松天然林林分内总体、思茅松和其他树种的林分树高的峰度和偏度指标以及幂函数拟合参数进行 CCA 直接梯度排序分析，揭示林分树高结构变化与各环境因子的关系。

2.4.3　思茅松天然林林分直径大小多样性变化分析

2.4.3.1　思茅松天然林林分直径大小多样性指数计算

选择 Shannon 指数、Simpson 指数和断面积 Gini 指数作为林分直径大小多样性指标，利用 R 语言分别计算样地总体、思茅松和其他树种的多样性指数。计算公式如下：

Shannon 指数：

$$H = -\sum_{i=1}^{s} p_i \ln(p_i) , \; H \in \left[0, \; \ln(s) \right]$$

Simpson 指数：

$$D = 1 - \sum_{i=1}^{s} p_i^2 , \; D \in \left[0, \; 1 \right]$$

断面积 Gini 指数：

$$G = \frac{\sum\limits_{i=1}^{n}(2i-n-1)ba_i}{\sum\limits_{i=1}^{n}(n-1)ba_i} , \quad G \in \begin{bmatrix} 0, & 1 \end{bmatrix}$$

式中，H——林分直径大小多样性的 Shannon 指数。当样地总体的 Shannon 指数为 H_t 时，思茅松的 Shannon 指数为 H_p，其他树种的 Shannon 指数为 H_o。

D——林分直径大小多样性的 Simpson 指数。当样地总体的 Simpson 指数为 D_t 时，思茅松的 Simpson 指数为 D_p，其他树种的 Simpson 指数为 D_o。

G——断面积 Gini 指数。当样地总体的断面积 Gini 指数为 G_t 时，思茅松的断面积 Gini 指数为 G_p，其他树种的断面积 Gini 指数为 G_o。

p_i——每个径阶林木株数 n_i 占总株数 n 的百分比，按 2cm 标准整化径阶并分级，林木胸径数据共分为十级，其中小于 10cm 和大于 40cm 的为第一级和第十级，10～40cm 之间每两个偶数径阶为一级，统计各径阶的林木株数 $n_i (i=1,\cdots,S)$。

ba_i——样地内第 i 株树的胸高断面积。

2.4.3.2 思茅松天然林林分直径大小多样性的环境相关性分析

采用 SPSS 软件分别分析林分内总体、思茅松和其他树种的林分直径大小多样性的 Shannon 指数、Simpson 指数以及断面积 Gini 指数，并与环境因子(林分、地形、土壤和气候)之间的相关关系。

2.4.3.3 思茅松天然林林分直径大小多样性的环境解释

采用 Canoco 软件分别对样地的林分、地形、土壤和气候因子与思茅松天然林林分内总体、思茅松和其他树种的林分直径大小多样性指数进行 CCA 直接梯度排序分析，揭示林分直径多样性指数与各环境因子的关系。

第3章 思茅松天然林林分直径结构变化及其环境解释

3.1 思茅松天然林林分直径结构变化分析

3.1.1 思茅松天然林林分直径结构的峰度和偏度变化

表 3.1 和图 3.1 列出了三个位点的思茅松天然林胸径分布的偏度和峰度统计情况。从表 3.1 和图 3.1 中可以看出，思茅松天然成熟林所有树种、思茅松和其他树种林分直径结构分布的峰度分别为 1.243、0.215 和 3.340，均为正值，这说明思茅松天然成熟林直径结构较标准正态分布更加尖峭，尤其是林内其他树种尖峭程度尤为明显，而林内思茅松林分直径结构分布峰度的绝对值最小，表明该树种林分直径结构分布的形态与正态分布的差异程度最小。而从研究区思茅松天然成熟林林分直径结构分布的偏度情况看，所有树种、思茅松和其他树种林分直径结构分布的偏度分别为 1.104、0.552 和 1.580，均为正值，这说明其林分直径结构分布形态与标准正态分布相比表现为右偏，其中思茅松林分直径结构分布偏度的绝对值最小，这说明思茅松林分直径结构分布形态的偏斜程度最小，而林内其他树种偏斜程度更大。可见，思茅松天然成熟林内思茅松的林分直径结构分布呈现出和正态分布较为一致的形态，而林分整体直径结构的变化受到其他树种的影响较大。此外，不同研究位点上林分直径结构在总体、思茅松和其他树种上也呈现一定的差异。

表 3.1 三个位点的思茅松天然林胸径结构偏度与峰度统计表

位点	指标	所有树种		思茅松		其他树种	
		偏度	峰度	偏度	峰度	偏度	峰度
墨江县	均值	0.810	0.103	0.387	-0.616	1.279	1.797
	标准误	0.095	0.296	0.072	0.147	0.170	0.755
思茅区	均值	1.340	2.347	0.807	1.406	2.071	5.074
	标准误	0.216	0.832	0.243	0.822	0.212	1.390
澜沧县	均值	1.161	1.279	0.461	-0.145	1.391	3.150
	标准误	0.145	0.445	0.096	0.259	0.203	1.022
总体	均值	1.104	1.243	0.552	0.215	1.580	3.340
	标准误	0.096	0.350	0.092	0.313	0.122	0.646

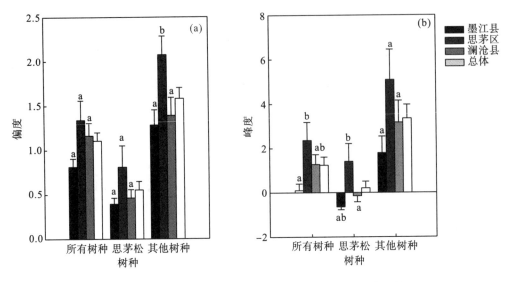

图 3.1   三个位点的思茅松天然林胸径结构偏度与峰度比较

首先，从直径结构分布的峰度上看。墨江县、思茅区和澜沧县三个位点的思茅松天然成熟林所有树种林分直径结构分布的峰度均值分别为 0.103、2.347 和 1.279，均为正值，表明三个位点的所有树种林分直径结构分布比标准正态分布更尖峭。其中，墨江县所有树种林分直径结构分布的峰度的绝对值最小，表明该位点所有树种林分直径结构分布的形态与正态分布的差异程度最小。而从林内思茅松林分直径结构分布的峰度来看，三个位点的峰度均值分别为-0.616、1.406 和-0.145，其中，墨江县和澜沧县两个位点的思茅松林分直径结构分布的峰度均值为负值，表明这两个位点思茅松林分直径结构分布比标准正态分布更平缓，而思茅区思茅松林分直径结构分布的峰度均值为正值，表明该位点的思茅松林分直径结构比标准正态分布更尖峭。澜沧县思茅松林分直径结构分布的峰度的绝对值最小，这说明该位点的思茅松林分直径结构分布的形态与正态分布的差异程度最小。而从林内其他树种的直径结构分布来看，三个位点其他树种直径分布峰度均值分别为 1.797、5.074、和 3.150，均为正值，表明三个位点的其他树种林分直径结构分布比标准正态分布更尖峭。墨江县其他树种林分直径结构分布的峰度的绝对值最小，表明该位点其他树种林分直径结构分布的形态与正态分布的差异程度最小。

其次，从直径结构分布的偏度上看。墨江县、思茅区和澜沧县三个位点所有树种林分直径结构分布的偏度均值分别为 0.810、1.340 和 1.161，均为正值，表明三个位点所有树种林分直径结构分布形态与标准正态分布相比为右偏。墨江县所有树种林分直径结构分布的偏度均值的绝对值最小，表明该位点的所有树种林分直径结构分布形态的偏斜程度最小。三个位点的思茅松林分直径结构分布的偏度均值分别为 0.387、0.807 和 0.461，均为正值，表明三个位点的思茅松林分直径结构分布形态与标准正态分布相比为右偏。墨江县的思茅松林分直径结构分布偏度的绝对值最小，表明该位点的思茅松林分直径结构分布形

态的偏斜程度最小。三个位点其他树种林分直径结构分布的偏度均值分别为 1.279、2.071
和 1.391，均为正值，表明三个位点的其他树种林分树高结构分布形态与标准正态分布相
比为右偏。墨江县其他树种林分直径结构分布偏度的绝对值最小，表明该位点其他树种林
分直径结构分布形态的偏斜程度最小。

　　从三个位点思茅松天然林林分直径结构分布的偏度与峰度方差分析表(表 3.2)以及偏
度与峰度的比较图(图 3.1)可以看出，墨江县、思茅区和澜沧县三个位点的林分内所有树
种的林分直径结构分布峰度、三个位点的思茅松林分直径结构分布峰度和三个位点的其他
树种林分直径结构分布偏度的 F 检验显著性均小于 0.05，差异显著。而三个位点的林分内
所有树种的林分直径结构分布偏度、三个位点的思茅松林分直径结构分布偏度和三个位点
的其他树种林分直径结构分布峰度的 F 检验显著性均大于 0.05，差异不显著。

表 3.2　三个位点的思茅松天然林胸径结构偏度与峰度方差分析表

类别	指标	平方和	df	均方差	F	显著性
所有树种	偏度	2.182	2	1.091	2.849	0.069
	峰度	37.787	2	18.894	3.865	0.029
思茅松	偏度	1.507	2	0.754	2.054	0.141
	峰度	33.561	2	16.781	4.395	0.018
其他树种	偏度	5.509	2	2.755	4.784	0.013
	峰度	81.336	2	40.668	2.293	0.114

3.1.2　思茅松天然林林分直径结构的分布拟合

3.1.2.1　思茅松天然林总体林分直径结构的分布拟合

　　基于 Weibull 分布函数，对三个位点的思茅松天然林总体林分直径结构进行拟合，从
表 3.3 可以看出，三个位点拟合方程的决定系数(R^2)均在 0.99 以上，分别达到了 0.9989、
0.9987 和 0.9986。a 值分布区间为 92.8272～96.1059，b 值在 0.0765～0.0800，c 值在 1.6096～
1.8093 之间，均方差(mean square error，MSE)在 5.7266～10.9698。其中，墨江县的拟合
效果最好，决定系数($R^2=0.9989$)最大，均方差(MSE=5.7266)最小。总体而言，其决定系
数 R^2 为 0.9987，MSE 为 7.7433。从拟合参数的单因素方差分析表 3.4 可以看出，a、b、c
三个参数的 F 检验显著性均大于 0.05，可见 a、b、c 三个参数对三个位点的思茅松天然林
总体林分直径结构 Weibull 函数拟合的影响不显著。

表 3.3　三个位点的思茅松天然林总体直径结构 Weibull 拟合参数分析表

位点	指标	a	b	c	MSE	R^2
墨江	均值	94.2413	0.0765	1.6963	5.7266	0.9989
	标准误	9.0315	0.0049	0.0765	0.7868	0.0002

位点	指标	a	b	c	MSE	R^2
思茅	均值	92.8272	0.0800	1.6096	6.5336	0.9987
	标准误	5.9261	0.0065	0.1031	0.8192	0.0003
澜沧	均值	96.1059	0.0778	1.8093	10.9698	0.9986
	标准误	6.7787	0.0037	0.1445	2.0066	0.0002
总计	均值	94.3915	0.0781	1.7051	7.7433	0.9987
	标准误	4.1582	0.0029	0.0641	0.8274	0.0001

表 3.4   三个位点的思茅松天然林总体直径结构 Weibull 拟合参数单因素方差分析表

参数	指标	平方和	df	均方差	F	显著性
a	组间	81.1321	2.0000	40.5661	0.0499	0.9514
b	组间	0.0001	2.0000	0.0000	0.1109	0.8953
c	组间	0.3010	2.0000	0.1505	0.8056	0.4536

3.1.2.2   思茅松天然林思茅松林分直径结构的分布拟合

基于 Weibull 分布函数，对三个位点的思茅松天然林思茅松林分直径结构进行拟合，从表 3.5 可以看出，三个位点拟合方程的决定系数（R^2）均在 0.99 以上，分别达到了 0.9982、0.9983 和 0.9973。a 值分布区间为 48.3697～84.9960，b 值为 0.0532～0.0642，c 值为 2.0963～2.6627，均方差 MSE 为 2.3790～3.8015。其中，思茅区的拟合效果最好，决定系数（R^2=0.9983）最大。总体而言，其决定系数 R^2 为 0.9979，MSE 为 3.0574。从拟合参数的单因素方差分析表 3.6 可以看出，a、b、c 三个参数的 F 检验显著性均大于 0.05，可见 a、b、c 三个参数对三个位点的思茅松天然林思茅松林分直径结构 Weibull 函数拟合影响不显著。

表 3.5   三个位点的思茅松天然林思茅松直径结构 Weibull 拟合参数分析表

位点	指标	a	b	c	MSE	R^2
墨江	均值	84.9960	0.0614	2.0963	3.8015	0.9982
	均值的标准误	18.6513	0.0049	0.1050	0.5664	0.0004
思茅	均值	57.7157	0.0642	2.4524	2.9916	0.9983
	均值的标准误	7.4445	0.0075	0.2459	0.6837	0.0003
澜沧	均值	48.3697	0.0532	2.6627	2.3790	0.9973
	均值的标准误	5.6049	0.0042	0.2090	0.4947	0.0008
总计	均值	63.6938	0.0596	2.4038	3.0574	0.9979
	均值的标准误	7.1828	0.0033	0.1160	0.3425	0.0003

表 3.6　三个位点的思茅松天然林思茅松直径结构 Weibull 拟合参数单因素方差分析表

参数	指标	平方和	df	均方差	F	显著性
a	组间	10865.2654	2.0000	5432.6327	2.4995	0.0943
b	组间	0.0010	2.0000	0.0005	1.0084	0.3735
c	组间	2.4593	2.0000	1.2297	2.1354	0.1309

3.1.2.3　思茅松天然林其他树种林分直径结构的分布拟合

基于 Weibull 分布函数,对三个位点的思茅松天然林其他树种林分直径结构进行拟合,从表 3.7 可以看出,三个位点拟合方程的决定系数(R^2)均在 0.99 以上,分别达到了 0.9988、0.9986 和 0.9992。a 值分布区间为 35.9990～52.0310,b 值为 0.1058～0.1321,c 值为 1.9722～2.5664,均方差 MSE 为 0.8485～2.4823。其中,澜沧县的拟合效果最好,决定系数(R^2=0.9992)最大。总体而言,其决定系数 R^2 为 0.9989,MSE 为 1.6579。从拟合参数的单因素方差分析表 3.8 可以看出,a 的 F 检验为 0.0323,显著性小于 0.05,b、c 的 F 检验分别为 0.2137、0.2379,显著性均大于 0.05;可见 a 参数对三个位点的思茅松其他树种林分直径结构 Weibull 函数拟合有显著影响,b、c 两个参数对三个位点的思茅松天然林其他树种林分直径结构 Weibull 函数拟合影响不显著。

表 3.7　三个位点的思茅松天然林其他树种直径结构 Weibull 拟合参数分析表

位点	指标	a	b	c	MSE	R^2
墨江	均值	36.3965	0.1231	2.3379	0.8485	0.9988
	均值的标准误	5.4138	0.0143	0.2037	0.1959	0.0007
思茅	均值	35.9990	0.1321	1.9722	1.3732	0.9986
	均值的标准误	4.0275	0.0111	0.3193	0.2273	0.0002
澜沧	均值	52.0310	0.1058	2.5664	2.4823	0.9992
	均值的标准误	5.1416	0.0089	0.1964	0.4777	0.0001
总计	均值	42.1104	0.1200	2.2865	1.6579	0.9989
	均值的标准误	2.9913	0.0065	0.1518	0.2267	0.0002

表 3.8　三个位点的思茅松天然林其他树种直径结构 Weibull 拟合参数单因素方差分析表

参数	指标	平方和	df	均方差	F	显著性
a	组间	2362.9967	2.0000	1181.4984	3.7700	0.0323
b	组间	0.0053	2.0000	0.0027	1.6094	0.2137
c	组间	2.6832	2.0000	1.3416	1.4932	0.2379

3.2　思茅松天然林林分直径结构变化的环境解释

3.2.1　思茅松天然林林分直径结构变化与环境因子相关性分析

3.2.1.1　思茅松天然林林分直径结构峰度和偏度变化与环境因子的相关性分析

1. 林分因子对思茅松天然林林分直径结构峰度和偏度变化的影响

1) 林分因子对思茅松天然林林分直径结构峰度变化的影响

思茅松天然林内总体、思茅松和其他树种的林分直径结构分布的峰度与林分因子的相关关系的分析结果见表 3.9。整体来看，与各林分因子的相关性均不显著。其中，林内总体林分直径结构分布的峰度与郁闭度（YBD）、林分平均高（H_m）等呈现出正相关，而与林分平均胸径（D_m）、林分密度指数（SDI）呈现出负相关，且与郁闭度具有最强正相关 (0.2750)，与林分平均胸径具有最强负相关 (−0.2660)；林内思茅松林分直径结构分布的峰度与郁闭度、林分优势高（H_t）等呈现出正相关，而与林分平均胸径、林分平均高呈现出负相关，且与郁闭度具有最强正相关 (0.1470)，与林分优势高具有最强负相关 (−0.1060)；林内其他树种林分直径结构分布的峰度与郁闭度、林分平均高等呈现出正相关，而与林分平均胸径等呈现出负相关，且与林分平均胸径具有最强负相关性 (−0.1540)。可见，思茅松天然林林分直径结构分布的峰度与郁闭度、林分平均胸径有较密切的关系。

表 3.9　林分因子与林分直径结构峰度的相关关系表

指标	总体	思茅松	其他树种
YBD	0.2750	0.1470	0.0070
D_m	−0.2660	−0.0820	−0.1540
H_m	0.0410	−0.1060	0.0470
H_t	0.1840	0.0380	0.0850
SDI	−0.2020	0.0270	−0.1020
SI	0.1130	0.0080	−0.0090

注：*表示 0.05 水平上的相关性，**表示 0.01 水平上的相关性。后同。

从思茅松天然林内总体、思茅松和其他树种林分直径结构分布的峰度随林分因子变化的曲线图 3.2 来看，各指数的曲线拟合效果显著性各有不同，从它们的曲线的拟合效果 R^2 来看，虽然 R^2 均比较小，但是它们的相关性检验均显著。思茅松天然林内总体林分直径结构分布的峰度随郁闭度、林分平均高、林分优势高、地位指数的增加而缓慢增大；随林分平均胸径的增加呈先减小后缓慢增大的趋势；随林分密度指数的增加而减小。林内思茅松林分直径结构分布的峰度随郁闭度的增加而增大；随林分平均胸径的增加呈先减小后增

大的趋势；随林分平均高、林分优势高、林分密度指数和地位指数的增加呈先增大后减小
的趋势，且分别在 15m、21m、125 和 16 时达到峰值［图 3.2(c)～(f)］，而随林分平均
高增大、随地位指数增大和减小的趋势较不明显。林内其他树种林分直径结构分布的峰度
随郁闭度、林分平均胸径、林分平均高、林分优势高、地位指数的增加均呈先增大后减小
的趋势，且分别在 0.75、15cm、18m、22m、17 时达到峰值［图 3.2(a)、(b)、(c)、(d)、
(f)］，而随地位指数增大和减小的趋势相对较小；随林分密度指数的增加而减小。可见，
林分平均高、地位指数对思茅松天然林林分直径结构分布峰度的影响基本一致，而其他林
分因子对其影响并没有体现出类似的规律性。

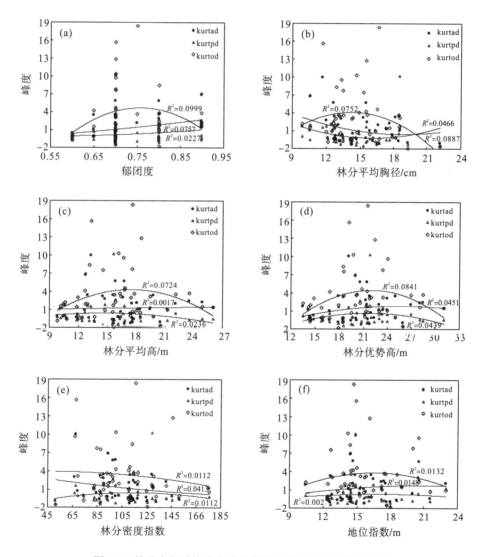

图 3.2　林分直径结构分布峰度变化与林分因子相关性分析

注：kurtad：思茅松天然林总体林分直径结构分布的峰度；kurtpd：思茅松天然林思茅松林分直径结构分布的峰度；

kurtod：思茅松天然林其他树种林分直径结构分布的峰度。后同。

2) 林分因子对思茅松天然林林分直径结构偏度变化的影响

思茅松天然林内总体、思茅松和其他树种的林分直径结构分布的偏度与林分因子的相关关系的分析结果见表3.10。其中，林内总体林分直径结构分布的偏度与郁闭度存在极显著正相关关系，与林分平均胸径存在显著负相关关系；林内思茅松林分直径结构分布的偏度与林分平均胸径存在显著负相关关系。同时，总体林分直径结构分布的偏度与林分平均高等呈正相关，与林分密度指数呈负相关；思茅松林分直径结构分布的偏度与郁闭度、地位指数呈正相关，与林分平均高等呈负相关，且与地位指数具有最强正相关(0.3400)；其他树种林分直径结构分布的偏度与郁闭度、林分优势高呈正相关，与林分平均胸径等呈负相关，且与林分平均胸径具有最强相关性(-0.2370)。可见，思茅松天然林林分直径结构分布的偏度与郁闭度、林分平均胸径具有十分密切的关系。

表 3.10　林分因子与林分直径结构偏度的相关关系表

指标	总体	思茅松	其他树种
YBD	0.4230**	0.1760	0.0600
D_m	−0.3300*	−0.3170*	−0.2370
H_m	0.1280	−1.980	−0.0080
H_t	0.2600	−0.0380	0.0450
SDI	−0.1300	−0.0330	−0.0850
SI	0.1430	0.3400	−0.0730

从思茅松天然林内总体、思茅松和其他树种林分直径结构分布的偏度随林分因子变化的曲线图3.3来看，各指数的曲线拟合效果显著性各有不同，从它们的曲线的拟合效果 R^2 来看，虽然 R^2 均比较小，但是它们的相关性检验均显著。思茅松天然林内总体林分直径结构分布的偏度随郁闭度、林分平均高、林分优势高、地位指数的增加而增大，且随地位指数增大的趋势较缓慢；而随林分平均胸径、林分密度指数的增加而减小，且随林分密度指数减小的趋势较缓慢。林内思茅松林分直径结构分布的偏度随郁闭度的增加而增大；随林分平均胸径、地位指数的增加呈先减小后增大的趋势，且随地位指数的变化趋势较不明显；随林分平均高的增加而减小；随林分优势高、林分密度指数的增加呈先增大后减小的趋势，分别在21m、95处达到峰值［图3.3(d)、(e)］，且随两者的变化趋势均不明显。林内其他树种林分直径结构分布的偏度随郁闭度、林分平均胸径、林分平均高、林分优势高、林分密度指数、地位指数的增加均呈现先增大后减小的趋势，且分别在0.75、15cm、18m、22m、95、17m处达到峰值［图3.3(a)～(f)］，而随林分密度指数、地位指数的变化趋势较缓慢。可见，郁闭度、林分平均高、林分优势高、地位指数对林内总体林分直径结构分布偏度影响基本一致，且林内其他树种林分直径结构分布的偏度随各林分因子的变化趋势也基本一致，而思茅松林分直径结构分布的偏度随林分因子的变化趋势并没有体现出类似的规律性。

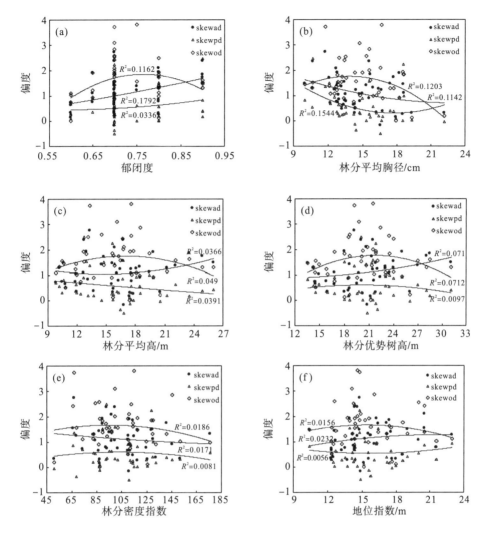

图 3.3　林分直径结构偏度变化与林分因子相关性分析

注：skewad：思茅松天然林总体林分直径结构分布的偏度；skewpd：思茅松天然林思茅松林分直径结构分布的偏度；

skewod：思茅松天然林其他树种林分直径结构分布的偏度。后同。

2　地形因子对思茅松天然林林分直径结构峰度和偏度变化的影响

1)地形因子对思茅松天然林林分直径结构峰度变化的影响

思茅松天然林内总体、思茅松和其他树种的林分直径结构分布的峰度与地形因子相关关系的分析结果见表 3.11。其中，林内总体林分直径结构分布的峰度与海拔(Alt)存在极显著负相关关系，相关系数为-0.3970，与坡度(Slo)存在显著负相关关系，相关系数为-0.3020；林内其他树种林分直径结构分布的峰度与海拔存在显著负相关关系，相关系数为-0.2970。同时，总体林分直径结构分布的峰度与坡向呈正相关；思茅松林分直径结构分布的峰度与海拔、坡度呈负相关，而与坡向(ASPD)呈正相关，且与海拔具有最强相关性(-0.2650)；其他树种林分直径结构分布的峰度与坡度、坡向呈正相关，且与坡向具有最强正相关(0.4400)。可见，思茅松林分直径结构分布的峰度与海拔、坡度密切相关。

表 3.11　地形因子与林分直径结构峰度的相关关系表

指标	总体	思茅松	其他树种
Alt	−0.3970**	−0.2650	−0.2970*
Slo	−0.3020*	−0.2290	0.0550
ASPD	0.1580	0.1800	0.4400

从思茅松天然林内总体、思茅松和其他树种林分直径结构分布的峰度随地形因子变化的曲线图 3.4 来看，各指数的曲线拟合效果显著性各有不同，从它们的曲线的拟合效果 R^2 来看，虽然 R^2 均比较小，但是它们的相关性检验均显著。思茅松天然林内总体林分直径结构分布的峰度随海拔的增加而减小；而随坡度、坡向的增加呈先减小后增大的趋势。林内思茅松林分直径结构分布的峰度随海拔、坡度的增加而减小；随坡向的增加而增大。林内其他树种林分直径结构分布的峰度随海拔的增加而减小；随坡度的增加呈先增大后减小的趋势，且在 20° 处达到峰值 [图 3.4(b)]；随坡向的增加而缓慢增大。可见，海拔对林内总体、思茅松和其他树种林分直径结构分布峰度的影响是一致的，各地形因子对思茅松天然林林分直径结构分布峰度的影响并没有体现出一定的规律性。

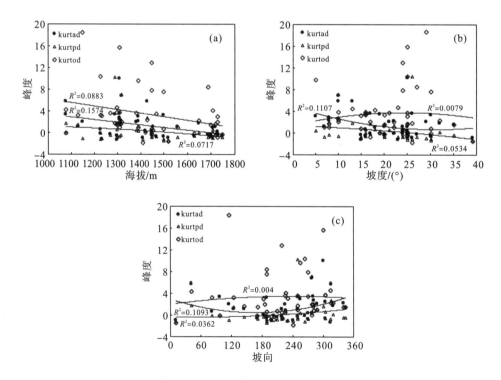

图 3.4　林分直径结构峰度变化与地形因子相关性分析

2）地形因子对思茅松天然林林分直径结构偏度变化的影响

思茅松天然林内总体、思茅松和其他树种的林分直径结构分布的偏度与地形因子相关关系的分析结果见表 3.12。其中，林内总体林分直径结构分布的偏度与海拔、坡度存在显著负相关关系，相关系数分别为-0.3750、-0.3620；林内其他树种林分直径结构分布的偏度与海拔存在显著负相关关系，相关系数为-0.3390。同时，总体林分直径结构分布的偏度与坡向呈正相关；思茅松林分直径结构分布的偏度与海拔、坡度呈负相关，而与坡向呈正相关，且与坡度具有最强相关性（-0.2890）；其他树种林分直径结构分布的偏度与坡度呈负相关，而与坡向出呈正相关。可见，思茅松林分直径结构分布的偏度与海拔、坡度具有十分密切的关系。

表 3.12 地形因子与林分直径结构偏度的相关关系表

指标	总体	思茅松	其他树种
Alt	−0.3750*	−0.1890	−0.3390*
Slo	−0.3620*	−0.2890	−0.0350
ASPD	0.1160	0.1470	0.1000

从思茅松天然林内总体、思茅松和其他树种林分直径结构分布的偏度随地形因子变化的曲线图 3.5 来看，各指数的曲线拟合效果显著性各有不同，从它们的曲线的拟合效果 R^2 来看，虽然 R^2 均比较小，但是它们的相关性检验均显著。思茅松天然林内总体林分直径结构分布的偏度随海拔的增加而减小；而随坡度、坡向的增加呈先减小后增大的趋势。林内思茅松林分直径结构分布的偏度随海拔、坡度的增加而减小；而随坡向的增加而增大。林内其他树种林分直径结构分布的偏度随海拔的增加而减小；随坡度的增加呈先增大后减小的趋势，且在 20° 处达到峰值［图 3.5（b）］；随坡向的增加而缓慢增大。可见，海拔对林内总体、思茅松和其他树种林分直径结构分布偏度的影响是一致的，各地形因了对思茅松天然林林分直径结构分布峰度的影响并没有体现出一定的规律性。

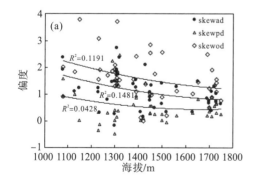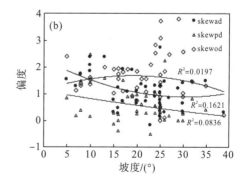

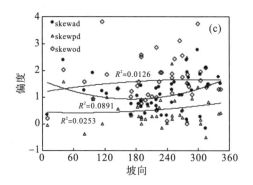

图 3.5   林分直径结构偏度变化与地形因子相关性分析

注：skewad：思茅松天然林总体林分直径结构分布的偏度；skewpd：思茅松天然林思茅松林分直径结构分布的偏度；
skewod：思茅松天然林其他树种林分直径结构分布的偏度。(a)：海拔(Alt)；(b)：坡度(SLO)；(c)：坡向(ASPD)。

3. 土壤因子对思茅松天然林林分直径结构峰度和偏度变化的影响

1) 土壤因子对思茅松天然林林分直径结构峰度变化的影响

思茅松天然林内总体、思茅松和其他树种的林分直径结构分布的峰度与土壤因子相关
关系的分析结果见表 3.13。其中，林内总体林分直径结构分布的峰度与土壤 pH 存在极显
著正相关关系，相关系数为 0.3830，与有效磷存在显著负相关关系，相关系数为-0.3420；
林内思茅松林分直径结构分布的峰度与土壤 pH 存在极显著正相关关系，与全磷呈极显著
负相关关系，相关系数分别为 0.4230、-0.4500。同时，总体林分直径结构分布的峰度与
土壤有机质含量、全氮等呈负相关，与全钾等呈正相关；思茅松林分直径结构分布的峰度
与土壤有机质含量、全氮等均呈负相关；其他树种林分直径结构分布的峰度与土壤 pH、
土壤有机质含量等呈正相关，与全磷、有效磷呈负相关，且与土壤 pH 具有最强相关性
(0.2450)，全磷次之 (-0.1750)。可见，思茅松林分直径结构分布的峰度与土壤 pH、全磷、
有效磷密切相关。

表 3.13   土壤因子与林分直径结构峰度的相关关系表

指标	总体	思茅松	其他树种
pH	0.3830**	0.4230**	0.2450
OM	−0.0740	−0.1670	0.0720
TN	−0.1020	−0.2720	0.0620
TP	−0.2810	−0.4500**	−0.1750
TK	0.1530	−0.0630	0.0960
HN	0.0020	−0.1860	0.0690
YP	−0.3420*	−0.2510	−0.1080
SK	0.0290	−0.0870	0.1180

从思茅松天然林内总体、思茅松和其他树种林分直径结构分布的峰度随土壤因子变化

的曲线图 3.6 来看，各指数的曲线拟合效果显著性各有不同，从它们的曲线的拟合效果 R^2 来看，虽然 R^2 均比较小，但是它们的相关性检验均显著。思茅松天然林内总体林分直径结构分布的峰度随土壤 pH、全钾的增加而增大；随土壤有机质含量、有效磷的增加而减小，且随土壤有机质含量减小的趋势较不明显；随全氮、全磷、水解性氮、速效钾的增加呈先减小后增大的趋势。林内思茅松林分直径结构分布的峰度随土壤 pH、土壤有机质含量、全氮、全磷、水解性氮、速效钾的增加呈先减小后增大的趋势；而随全钾、有效磷的增加而减小。林内其他树种林分直径结构分布的峰度随土壤 pH、全钾的增加而增大；随土壤有机质含量、全氮、水解性氮、速效钾的增加呈先增大后减小的趋势，且分别在 35、0.08、90、120 处达到峰值［见图 3.6(b)、(c)、(f)、(h)］，而随水解性氮的变化趋势较缓慢；随全磷、有效磷的增加而减小，且随有效磷减小的趋势较不明显。可见，全氮、全磷、水解性氮、有效磷、速效钾对思茅松天然林林分直径结构分布峰度的影响是一致的，而其他土壤因子对其影响并没有体现出类似的规律性。

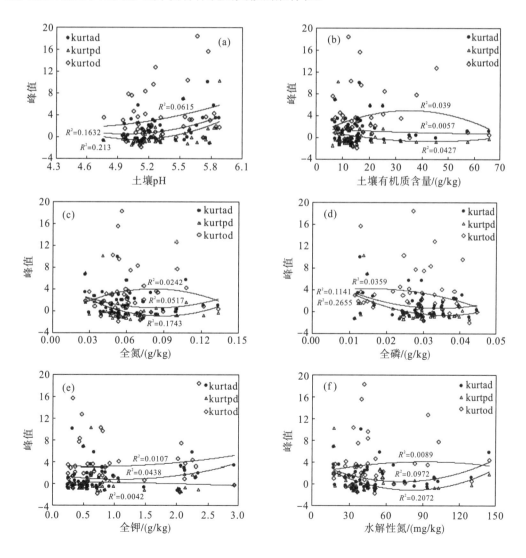

Balerion the Black Dread

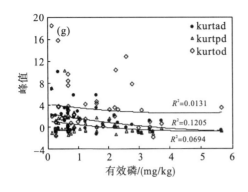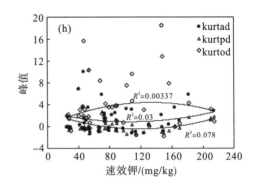

图 3.6   林分直径结构峰度变化与土壤因子相关性分析

2)土壤因子对思茅松天然林林分直径结构偏度变化的影响

思茅松天然林内总体、思茅松和其他树种的林分直径结构分布的偏度与土壤因子相关关系的分析结果见表 3.14。其中，林内总体林分直径结构分布的偏度与土壤 pH 存在显著正相关关系，相关系数为 0.3550，与有效磷存在显著负相关关系，相关系数为-0.3240；林内思茅松林分直径结构分布的偏度与土壤 pH 存在显著正相关关系，相关系数为 0.3790，与全磷呈现极显著负相关关系，相关系数为 0.4320；其他树种林分直径结构分布的偏度与土壤 pH 存在显著正相关关系，相关系数为 0.3570，与全磷呈极显著负相关关系，相关系数为-0.3910。同时，总体林分直径结构分布的偏度与土壤有机质含量、全氮等呈负相关，与全钾等呈正相关；思茅松林分直径结构分布的偏度与土壤有机质含量、全氮等均呈负相关；其他树种林分直径结构分布的偏度与土壤有机质含量等呈负相关，而与全钾等呈正相关。可见，思茅松林分直径结构分布的偏度与土壤 pH、全磷、有效磷相关性密切。

表 3.14   土壤因子与林分直径结构偏度的相关关系表

指标	总体	思茅松	其他树种
pH	0.3550*	0.3790*	0.3570*
OM	-0.0260	-0.1350	-0.0280
TN	-0.1000	-0.2520	-0.0250
TP	-0.2140	-0.4320**	-0.3910**
TK	0.1570	-0.0110	0.1000
HN	0.0140	-0.1110	0.0120
YP	-0.3240*	-0.2930	-0.1000
SK	0.0250	-0.0150	0.0550

从思茅松天然林内总体、思茅松和其他树种林分直径结构分布的偏度随土壤因子变化的曲线图 3.7 来看，各指数的曲线拟合效果显著性各有不同，从它们的曲线的拟合效果 R^2 来看，虽然 R^2 均比较小，但是它们的相关性检验均显著。思茅松天然林内总体林分直径

结构分布的偏度随土壤 pH、全钾的增加而增大；随土壤有机质含量、全氮、水解性氮、
速效钾的增加呈先减小后增大的趋势，且随土壤有机质含量变化的趋势较不明显；而随全
磷、有效磷的增加而减小。林内思茅松林分直径结构分布的偏度随有效磷的增加而增大，
且随有效磷增大的趋势较缓慢；随土壤 pH、土壤有机质含量、全氮、水解性氮、速效钾

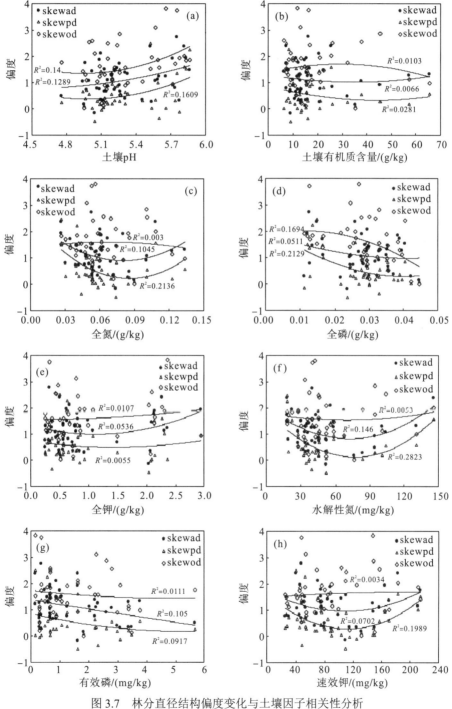

图 3.7　林分直径结构偏度变化与土壤因子相关性分析

的增加呈先减小后增大的趋势；随全磷、有效磷的增加而缓慢减小。林内其他树种林分直径结构分布的偏度随土壤 pH、全钾、水解性氮、速效钾的增加而增大；而随全磷、有效磷的增加而减小；随土壤有机质含量、全氮的增加呈先增大后减小的趋势，且分别在 30、0.08 处达到峰值 [图 3.7(b)、(c)]。可见，土壤有机质含量、全氮、全磷、速效钾对思茅松天然林林分直径结构分布偏度的影响基本一致，而其他林分因子对其影响并没有体现出类似的规律性。

4. 气候因子对思茅松天然林林分直径结构峰度和偏度变化的影响

1) 气候因子对思茅松天然林林分直径结构峰度变化的影响

思茅松天然林内总体、思茅松和其他树种的林分直径结构分布的峰度与气候因子相关关系的分析结果见表 3.15。整体来看，与各气候因子的相关性均不显著。其中，总体林分直径结构分布的峰度与 bio1、bio2、bio3、bio5 等气候因子呈负相关，并且与 bio1、bio2、bio5 等相关系数均达到 0.12 以上，且与 bio9 具有最强负相关(-0.1552)；而与 bio4、bio14、bio15 等呈正相关，且与 bio15 具有最强正相关(0.1278)。思茅松林分直径结构分布的峰度与 bio1、bio2、bio3、bio5 等气候因子呈正相关，并且与 bio2、bio3、bio7、bio12 的相关系数超过 0.16，且与 bio3 具有最强正相关(0.2269)；而与 bio4、bio13、bio14 等呈负相关，并且与 bio4、bio14、bio17、bio19 的相关系数超过 0.2，且与 bio17 具有最强负相关(-0.2352)。其他树种林分直径结构分布的峰度与 bio1、bio2、bio3、bio5 等气候因子呈负相关，且与 bio7 具有最强负相关(-0.1743)；而与 bio4、bio14、bio15 等呈正相关，且与 bio14 具有最强正相关(0.1068)。可见，思茅松天然林林分直径结构分布的峰度与 bio3、bio7、bio9、bio14、bio15、bio17 有较密切的关系。

表 3.15　气候因子与林分直径结构峰度的相关关系表

指标	总体	思茅松	其他树种	指标	总体	思茅松	其他树种
bio1	-0.1493	0.0762	-0.1732	bio11	-0.1489	0.1160	-0.1650
bio2	-0.1217	0.1847	-0.1685	bio12	-0.0874	0.2014	-0.1506
bio3	-0.0945	0.2269	-0.1360	bio13	-0.0238	-0.0877	-0.0623
bio4	0.0549	-0.2324	0.0811	bio14	0.1012	-0.2005	0.1068
bio5	-0.1491	0.1053	-0.1686	bio15	0.1278	-0.1609	0.0955
bio6	-0.1403	0.0010	-0.1211	bio16	0.0104	-0.0766	-0.0357
bio7	-0.1285	0.1667	-0.1743	bio17	0.0280	-0.2352	0.0552
bio8	-0.1383	0.0006	-0.1608	bio18	0.1185	-0.0991	0.0826
bio9	-0.1552	0.0780	-0.1586	bio19	0.0289	-0.2327	0.0536
bio10	-0.1401	0.0148	-0.1647				

从思茅松天然林总体林分直径结构分布的峰度、思茅松林分直径结构分布的峰度和其他树种林分直径结构分布的峰度随温度因子变化的曲线图 3.8 来看，各指数的曲线拟合效

果显著性各有不同，从它们的曲线的拟合效果 R^2 来看，虽然 R^2 均比较小，但是它们的相关性检验均显著。思茅松天然林内总体林分直径结构分布的峰度随 bio1、bio5、bio10 的增加而减小；而随 bio3、bio4、bio7 的增加呈先减小后增大的趋势。林内思茅松林分直径结构分布的峰度随 bio1、bio5、bio10 的增加呈先增大后减小的趋势，且在 19℃、28℃、23℃处达到峰值［图 3.8(a)、(d)、(f)］；随 bio3 的增加而增大；随 bio4 的增加而减小；随 bio7 的增加呈先减小后增大的趋势。林内其他树种林分直径结构分布的峰度随 bio1、bio3、bio4、bio5、bio10 的增加呈先减小后增大的趋势；而随 bio7 的增加而减小。可见，温度因子 bio1、bio5、bio10 对思茅松天然林林分直径结构分布峰度的影响基本一致，而其他温度因子对其影响并没有体现出类似的规律性。

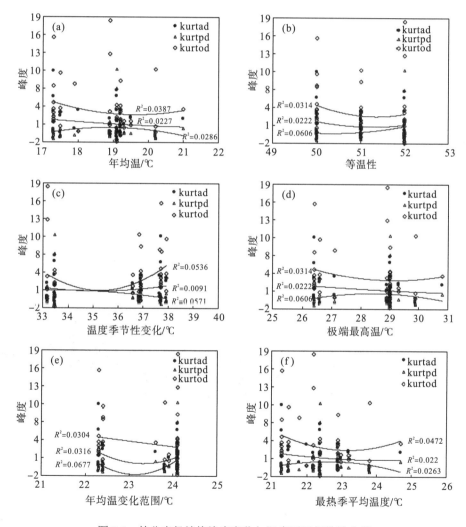

图 3.8 林分直径结构峰度变化与温度因子相关性分析

从思茅松天然林总体林分直径结构分布的峰度、思茅松林分直径结构分布的峰度和其他树种林分直径结构分布的峰度随降水因子变化的曲线图 3.9 来看，各指数的曲线拟合效果显著性各有不同，从它们的曲线的拟合效果 R^2 来看，虽然 R^2 均比较小，但是它们的相关性检验均显著。思茅松天然林内总体林分直径结构分布的峰度随 bio12 的增加而减小；随 bio13、bio16 的增加基本上保持不变；随 bio14 的增加而增大；随 bio15、bio17、bio19 的增加呈先减小后增大的趋势；而随 bio18 的增加呈先增大后减小的趋势，且在 750mm 处达到峰值 ［图 3.9(g)］。林内思茅松林分直径结构分布的峰度随 bio12、bio13、bio17、bio19 的增加呈先减小后增大的趋势；随 bio14、bio16 的增加而减小；而随 bio15、bio18 的增加呈先增大后减小的趋势，且在 85、750mm 处达峰值 ［图 3.9(d)、(g)］。林内其他树种林分直径结构分布的峰度随 bio12、bio14、bio15 的增加呈先减小后增大的趋势；随 bio13、bio16、bio17、bio18、bio19 呈先增大后减小的趋势，且在 305mm、810mm、48mm、790mm、53mm 处达到峰值 ［图 3.9(b)、(e)、(f)、(g)、(h)］。可见，降水因子 bio17、bio19 对思茅松天然林林分直径结构分布峰度的影响基本一致，而其他气候因子对其影响并没有体现出类似的规律性。

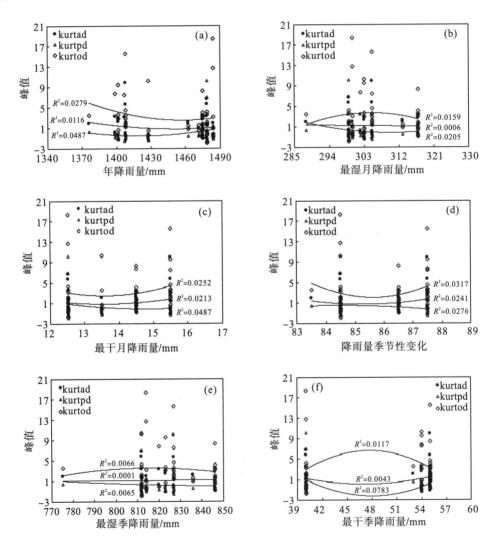

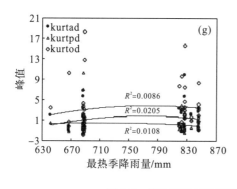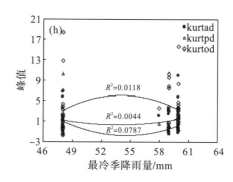

图 3.9　林分直径结构峰度变化与降水因子相关性分析

2)气候因子对思茅松天然林林分直径结构偏度变化的影响

思茅松天然林内总体、思茅松和其他树种的林分直径结构分布的偏度与气候因子相关关系的分析结果见表 3.16。整体来看，与各气候因子的相关性均不显著。其中，总体林分直径结构分布的偏度与 bio1、bio2、bio3、bio5 等气候因子呈负相关，并且与 bio2、bio3 等的相关系数达到 0.1 以上，且与 bio3 具有最强负相关(-0.1448)；而与 bio4、bio13、bio14 等呈正相关，且与 bio15 具有最强正相关(0.1791)。思茅松林分直径结构分布的偏度与 bio1、bio2、bio3、bio5 等气候因子呈正相关，并且与 bio2、bio3、bio7、bio12 的相关系数超过 0.12，且与 bio12 具有最强正相关(0.1389)；而与 bio4、bio14、bio15 等呈负相关，且与 bio4 具有最强负相关(-0.1106)。其他树种林分直径结构分布的偏度与 bio1、bio2、bio3、bio5 等气候因子呈负相关，且与 bio3 具有最强负相关(-0.2134)；与 bio4、bio13、bio14 等呈现出正相关，且与 bio14 具有最强正相关(0.1979)。可见，思茅松天然林林分直径结构分布的偏度与 bio3、bio12、bio14、bio15 有较为密切的关系。

表 3.16　气候因子与林分直径结构偏度的相关关系表

指标	总体	思茅松	其他树种	指标	总体	思茅松	其他树种
bio1	-0.0903	0.0800	-0.1941	bio11	-0.1174	0.0925	-0.2061
bio2	-0.1170	0.1264	-0.2121	bio12	-0.0975	0.1389	-0.1825
bio3	-0.1448	0.1259	-0.2134	bio13	0.0925	0.0158	0.0403
bio4	0.1435	-0.1106	0.1796	bio14	0.1573	-0.1097	0.1979
bio5	-0.1034	0.0927	-0.1983	bio15	0.1791	-0.0687	0.1829
bio6	-0.0733	0.0309	-0.1423	bio16	0.1039	0.0138	0.0641
bio7	-0.1076	0.1235	-0.2052	bio17	0.1393	-0.0974	0.1601
bio8	-0.0421	0.0490	-0.1508	bio18	0.1692	-0.0205	0.1877
bio9	-0.0980	0.0787	-0.1868	bio19	0.1397	-0.0953	0.1591
bio10	-0.0502	0.0553	-0.1607				

从思茅松天然林总体林分直径结构分布的偏度、思茅松林分直径结构分布的偏度和其他树种林分直径结构分布的偏度随温度因子变化的曲线图 3.10 来看，各指数的曲线拟合

效果显著性各有不同,从它们的曲线的拟合效果 R^2 来看,虽然 R^2 均比较小,但是它们的相关性检验均显著。思茅松天然林内总体林分直径结构分布的偏度随 bio1、bio3、bio5、bio7 的增加而减小;随 bio4、bio10 的增加而增大;且随温度因子的变化趋势较不明显。林内思茅松林分直径结构分布的偏度随 bio1、bio4、bio5、bio10 的增加呈先增大后减小的趋势,且分别在 19℃、35℃、28℃、23℃处达到峰值〔图 3.10(a)、(c)、(d)、(f)〕;随 bio3 的增加而增大;而随 bio7 的增加呈先减小后增大的趋势。林内其他树种林分直径结构分布的偏度随 bio1、bio4、bio5、bio10 的增加呈先减小后增大的趋势;随 bio3、bio7 的增加而减小。可见,温度因子 bio1、bio4、bio5、bio10 对思茅松天然林林分直径结构分布偏度的影响基本一致,而其他温度因子对其影响并没有体现出类似的规律性。

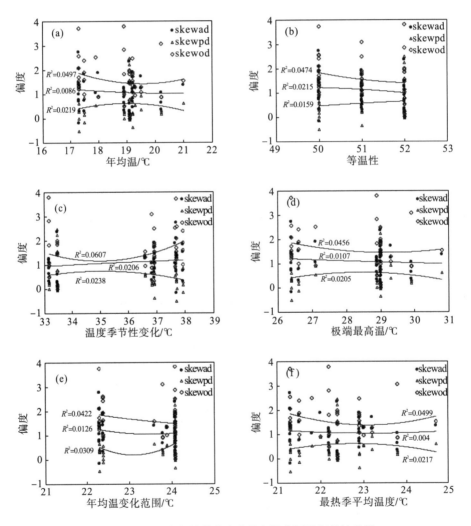

图 3.10　林分直径结构偏度变化与温度因子相关性分析

从思茅松天然林总体林分直径结构分布的偏度、思茅松林分直径结构分布的偏度和其他树种林分直径结构分布的偏度随降水因子变化的曲线图 3.11 来看,各指数的曲线拟合效果显著性各有不同，从它们的曲线的拟合效果 R^2 来看，虽然 R^2 均比较小，但是它们的相关性检验均显著。思茅松天然林内总体林分直径结构分布的偏度随 bio12 的增加而减小；随 bio13、bio16、bio17、bio19 的增加呈先减小后增大的趋势，但变化趋势较不明显；随 bio14、bio15、bio18 的增加而增大。林内思茅松林分直径结构分布的偏度随 bio12、bio13、bio16、bio17、bio19 的增加呈先减小后增大的趋势；随 bio14 的增加而减小；随 bio15 的增加呈先增大后减小的趋势，且在 85mm 处达到峰值；而随 bio18 的增加基本上保持不变。林内其他树种林分直径结构分布的偏度随 bio12 的增加而减小；随 bio13、bio17、bio19 的增加呈先增大后减小的趋势，且分别在 310mm、48mm、55mm 处达到峰值 [图 3.11(b)、(f)、(h)]；随 bio14、bio18 的增加而增大；随 bio15 的增加呈先减小后增大的趋势；随 bio16 的增加而增大。可见，降水因子 bio17、bio19 对思茅松天然林林分直径结构分布偏度的影响基本一致，而其他气候因子对其影响并没有体现出类似的规律性。

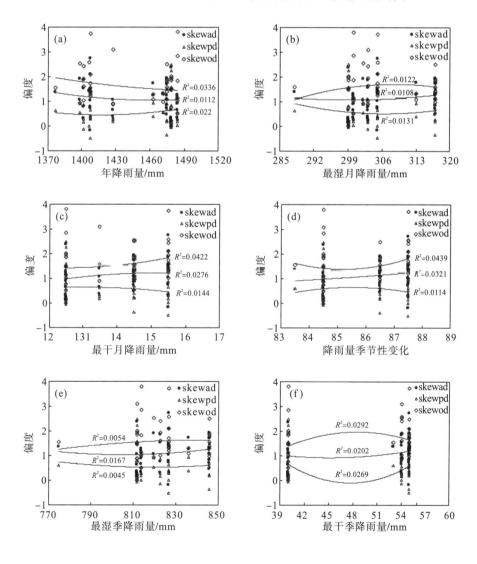

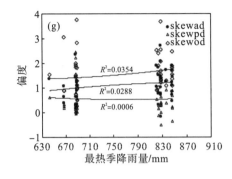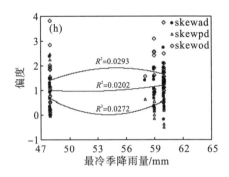

图 3.11　林分直径结构偏度变化与降水因子相关性分析

3.2.1.2　思茅松天然林林分直径结构 Weibull 拟合参数与环境因子的相关性分析

1. 林分因子对思茅松天然林林分直径结构 Weibull 拟合参数的影响

1) 林分因子对思茅松天然林林分直径结构 Weibull 拟合参数 a 的影响

思茅松天然林总体、思茅松和其他树种林分直径结构 Weibull 拟合参数 a 与林分因子相关关系的分析结果见表 3.17。整体来看，与各林分因子的相关性较显著。其中，总体林分直径结构 Weibull 拟合参数 a 与郁闭度存在极显著正相关关系，相关系数为 0.432；与林分平均胸径存在极显著负相关关系，相关系数为-0.756。思茅松林分直径结构 Weibull 拟合参数 a 与林分平均高存在极显著负相关关系，相关系数为-0.385；与林分优势高、地位指数存在显著负相关关系，相关系数分别为-0.38、-0.298；且与其他林分因子均呈现出负相关关系。其他树种林分直径结构 Weibull 拟合参数 a 与郁闭度存在极显著正相关关系，相关系数为 0.440。可见，思茅松天然林林分直径结构 Weibull 拟合参数 a 与郁闭度、林分平均胸径、林分平均高、林分优势高密切相关。

表 3.17　林分因子与林分直径结构 Weibull 拟合参数 a 的相关关系表

指标	总体	思茅松	其他树种
YBD	0.432**	-0.062	0.440**
D_m	-0.756**	-0.271	-0.218
H_m	-0.253	-0.385**	0.258
H_t	-0.205	-0.380*	0.258
SDI	0.109	-0.0450	0.083
SI	-0.045	-0.298*	0.190

从思茅松天然林总体林分直径结构 Weibull 拟合参数 a、思茅松林分直径结构 Weibull 拟合参数 a 和其他树种林分直径结构 Weibull 拟合参数 a 随林分因子变化的曲线图 3.12 来看，各指数的曲线拟合效果显著性各有不同，从它们的曲线的拟合效果 R^2 来看，虽然 R^2 均比较小，但是它们的相关性检验均显著。思茅松天然林内总体林分直径结构 Weibull 拟合参数 a 随郁闭度的增加而增大；随林分平均胸径的增加而减小；随林分平均高、林分优

势高、地位指数的增加呈先减小后增大的趋势，且随林分平均高、林分优势高变化趋势较不明显；随林分密度指数的增加呈先增大后减小的趋势，且在130处达到峰值[图 3.12（e）]。林内思茅松林分直径结构 Weibull 拟合参数 a 随郁闭度、林分平均胸径、林分平均高、林分优势高的增加而减小；随林分密度指数的增加呈先增大后减小的趋势，且在100处达到峰值［图 3.12（e）］；而随地位指数的增加呈现先减小后增大的趋势。林内其他树种林分直径结构 Weibull 拟合参数 a 随郁闭度、地位指数的增加而增大；随林分平均胸径、林分平均高、林分优势高、林分密度指数的增加呈先减小后增大的趋势。可见，林分平均高、林分优势高对思茅松天然林林分直径结构 Weibull 拟合参数 a 的影响是一致的，林内思茅松、其他树种林分直径结构 Weibull 拟合参数 a 分别随林分平均胸径、林分平均高、林分优势高、林分密度指数的变化趋势基本一致。

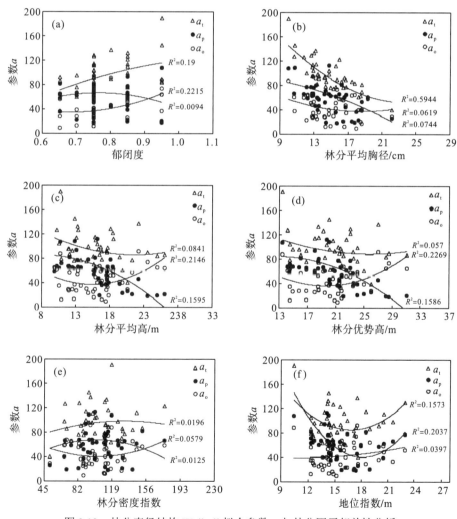

图 3.12　林分直径结构 Weibull 拟合参数 a 与林分因子相关性分析

注：a_t，思茅松天然林总体林分直径结构 Weibull 拟合参数 a；a_p，思茅松天然林思茅松林分直径结构 Weibull 拟合参数 a；
a_o，思茅松天然林其他树种林分直径结构 Weibull 拟合参数 a。后同。

2) 林分因子对思茅松天然林林分直径结构 Weibull 拟合参数 b 的影响

思茅松天然林总体、思茅松和其他树种林分直径结构 Weibull 拟合参数 b 与林分因子相关关系的分析结果见表 3.18。整体来看，与各林分因子的相关性较显著。其中，总体林分直径结构 Weibull 拟合参数 b 与郁闭度存在极显著正相关关系，相关系数为 0.439；与林分平均胸径存在极显著负相关关系，相关系数为-0.759；与林分平均高等均呈负相关。思茅松林分直径结构 Weibull 拟合参数 b 与林分平均胸径、林分平均高、林分优势高等存在极显著负相关关系，相关系数分别为-0.687、-0.554、-0.421。其他树种林分直径结构 Weibull 拟合参数 b 与林分平均胸径存在极显著负相关关系，相关系数为-0.425；且与郁闭度具有最强正相关 (0.262)。可见，思茅松天然林林分直径结构 Weibull 拟合参数 b 与郁闭度、林分平均胸径、林分平均高、林分优势高密切相关。

表 3.18 林分因子与林分直径 Weibull 拟合参数 b 的相关关系表

指标	总体	思茅松	其他树种
YBD	0.439**	0.048	0.262
D_m	-0.759**	-0.687**	-0.425**
H_m	-0.229	-0.554**	-0.196
H_t	-0.113	-0.421**	-0.170
SDI	-0.249	-0.2560	0.062
SI	-0.004	-0.090	-0.145

从思茅松天然林总体林分直径结构 Weibull 拟合参数 b、思茅松林分直径结构 Weibull 拟合参数 b 和其他树种林分直径结构 Weibull 拟合参数 b 随林分因子变化的曲线图 3.13 来看，各指数的曲线拟合效果显著性各有不同，从它们的曲线的拟合效果 R^2 来看，虽然 R^2 均比较小，但是它们的相关性检验均显著。思茅松天然林内总体林分直径结构 Weibull 拟合参数 b 随郁闭度的增加而增大；随林分平均胸径、林分密度指数的增加而减小；随林分平均高、林分优势高、地位指数的增加呈先减小后增大的趋势。林内思茅松林分直径结构 Weibull 拟合参数 b 随郁闭度的增加基本上保持不变；随林分平均胸径、地位指数的增加呈先减小后增大的趋势；随林分平均高、林分优势高、林分密度指数的增加而减小。林内其他树种林分直径结构 Weibull 拟合参数 b 随郁闭度的增加而增大；随林分平均高的增加而减小；随林分平均高、林分优势高、地位指数的增加呈先减小后增大的趋势；随林分密度指数的增加呈先增大后减小的趋势。可见，林分平均高、林分优势高对思茅松天然林林分直径结构 Weibull 拟合参数 b 的影响基本一致，林内总体、思茅松和其他树种林分直径结构 Weibull 拟合参数 b 随地位指数的变化趋势基本一致。

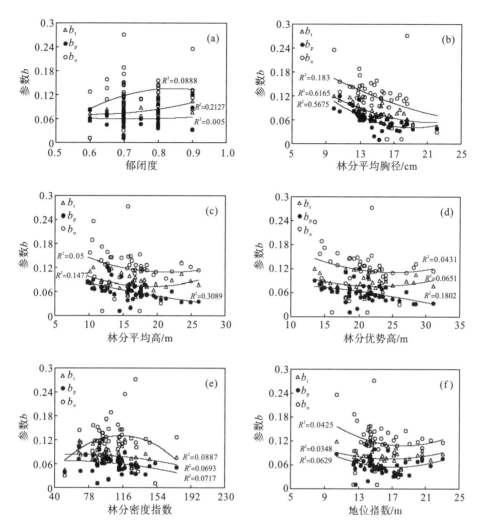

图 3.13　林分直径结构 Weibull 拟合参数 b 与林分因子相关性分析

注：b_t，思茅松天然林总体林分直径结构 Weibull 拟合参数 b；b_p，思茅松天然林思茅松林分直径结构 Weibull

拟合参数 b；b_o，思茅松天然林其他树种林分直径结构 Weibull 拟合参数 b。后同。

3) 林分因子对思茅松天然林林分直径结构 Weibull 拟合参数 c 的影响

思茅松天然林总体、思茅松和其他树种林分直径结构 Weibull 拟合参数 c 与林分因子
相关关系的分析结果见表 3.19。其中，总体林分直径结构 Weibull 拟合参数 c 与郁闭度存
在极显著负相关关系，相关系数为 -0.393；思茅松林分直径结构 Weibull 拟合参数 c 与林
分平均胸径、林分平均高、林分优势高等存在极显著正相关关系，相关系数分别为 0.402、
0.522、0.477。同时，总体林分直径结构 Weibull 拟合参数 c 与林分平均胸径、地位指数
呈正相关，而与林分平均高等呈负相关；思茅松林分直径结构 Weibull 拟合参数 c 与所有
林分因子均呈正相关；其他树种林分直径结构 Weibull 拟合参数 c 除与林分平均胸径存在
负相关外，与其他林分因子均呈正相关，且与地位指数具有最强相关性 (0.227)。可见，

思茅松天然林林分直径结构 Weibull 拟合参数 c 与郁闭度、林分平均胸径、林分平均高、林分优势高有十分密切的关系。

表 3.19　林分因子与林分直径 Weibull 拟合参数 c 的相关关系表

指标	总体	思茅松	其他树种
YBD	−0.393**	0.255	0.058
D_m	0.257	0.402**	−0.094
H_m	−0.036	0.522**	0.162
H_t	−0.035	0.477**	0.092
SDI	−0.121	0.173	0.059
SI	0.113	0.133	0.227

　　从思茅松天然林总体林分直径结构 Weibull 拟合参数 c、思茅松林分直径结构 Weibull 拟合参数 c 和其他树种林分直径结构 Weibull 拟合参数 c 随林分因子变化的曲线图 3.14 来看,各指数的曲线拟合效果显著性各有不同,从它们的曲线的拟合效果 R^2 来看,虽然 R^2 均比较小,但是它们的相关性检验均显著。思茅松天然林内总体林分直径结构 Weibull 拟合参数 c 随郁闭度的增加而减小;随林分平均胸径、地位指数的增加而增大;随林分平均高、林分优势高的增加呈先增大后减小的趋势,且分别在 15m、20m 处达到峰值〔图 3.14(c)、(d)〕;而随林分密度指数的增加基本上保持不变。林内思茅松林分直径结构 Weibull 拟合参数 c 随郁闭度的增加呈先减小后增大的趋势;随林分平均胸径、林分平均高、林分优势高、林分密度指数的增加而增大;而随地位指数的增加呈先增大后减小的趋势,且在 17 处达到最大值〔图 3.14(f)〕。林内其他树种林分直径结构 Weibull 拟合参数 c 随郁闭度、林分平均胸径、林分密度指数的增加呈先增大后减小的趋势,且分别在 0.75、15cm、110 处达到峰值〔图 3.14(a)、(b)、(e)〕;随林分平均高、林分优势高、地位指数的增加而增大。可见,林分平均高、林分优势高分别对思茅松天然林林分直径结构 Weibull 拟合参数 c 的影响一致,而其他林分因子对其影响并没有体现出类似的规律性。

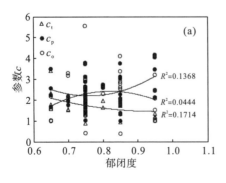
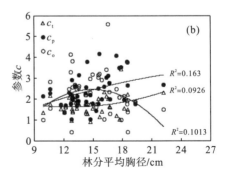

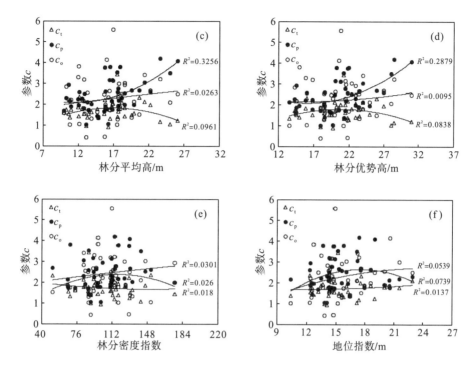

图 3.14　林分直径结构 Weibull 拟合参数 c 与林分因子相关性分析

注：c_t，思茅松天然林总体林分直径结构 Weibull 拟合参数 c；c_p，思茅松天然林思茅松林分直径结构

Weibull 拟合参数 c；c_o，思茅松天然林其他树种林分直径结构 Weibull 拟合参数 c。后同。

2. 地形因子对思茅松天然林林分直径结构 Weibull 拟合参数的影响

1) 地形因子对思茅松天然林林分直径结构 Weibull 拟合参数 a 的影响

思茅松天然林总体、思茅松和其他树种林分直径结构 Weibull 拟合参数 a 与地形因子相关关系的分析结果见表 3.20。其中，总体林分直径结构 Weibull 拟合参数 a 与坡向存在显著正相关关系，相关系数为 0.328；思茅松林分直径结构 Weibull 拟合参数 a 与海拔、坡度、坡向均呈正相关，且与坡度具有最强正相关（0.226）；其他树种林分直径结构 Weibull 拟合参数 a 与海拔、坡度呈负相关，与坡向呈正相关，且与坡向具有最强相关性（0.076）。可见，思茅松天然林林分直径结构 Weibull 拟合参数 a 受坡度、坡向影响较大。

表 3.20　地形因子与林分直径 Weibull 拟合参数 a 的相关关系表

指标	总体	思茅松	其他树种
Alt	0.126	0.207	−0.053
Slo	−0.044	0.226	−0.039
ASPD	0.328*	0.063	0.076

从思茅松天然林总体林分直径结构 Weibull 拟合参数 a、思茅松林分直径结构 Weibull

拟合参数 a 和其他树种林分直径结构 Weibull 拟合参数 a 随地形因子变化的曲线图 3.15 来看，各指数的曲线拟合效果显著性各有不同，从它们的曲线的拟合效果 R^2 来看，虽然 R^2 均比较小，但是它们的相关性检验均显著。思茅松天然林内总体林分直径结构 Weibull 拟合参数 a 随海拔、坡度的增加呈先增大后减小的趋势，且分别在 1400m、20°处达到峰值〔图 3.15(a)、(b)〕，然而随海拔的变化趋势较不明显；随坡向的增加而增大。林内思茅松林分直径结构 Weibull 拟合参数 a 随海拔、坡向的增加呈先增大后减小的趋势，且分别在 1600m、200°处达到峰值〔图 3.15(a)、(c)〕；随坡度的增加而增大。林内其他树种林分直径结构 Weibull 拟合参数 a 随海拔的增加而基本上保持不变；随坡度、坡向的增加呈先减小后增大的趋势。

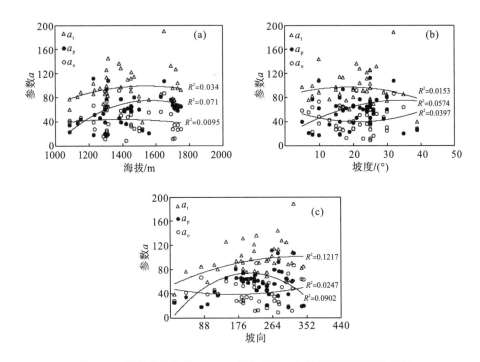

图 3.15   林分直径结构 Weibull 拟合参数 a 与地形因子相关性分析

2) 地形因子对思茅松天然林林分直径结构 Weibull 拟合参数 b 的影响

思茅松天然林总体、思茅松及其他树种林分直径结构 Weibull 拟合参数 b 与地形因子相关关系的分析结果见表 3.21。其中，总体林分直径结构 Weibull 拟合参数 b 与坡度存在显著负相关关系，相关系数为-0.340；且与坡向具有最强正相关(0.244)。思茅松林分直径结构 Weibull 拟合参数 b 与海拔、坡向呈正相关，与坡度呈负相关，且与坡度具有最强相关性(-0.250)。其他树种林分直径结构 Weibull 拟合参数 b 与海拔、坡向呈正相关，与坡度呈现出负相关，且与坡向具有最强相关性(0.235)。可见，思茅松天然林林分直径结构 Weibull 拟合参数 b 受坡度、坡向影响较大。

表 3.21　地形因子与林分直径 Weibull 拟合参数 b 的相关关系表

指标	总体	思茅松	其他树种
Alt	−0.003	0.167	0.008
Slo	−0.340*	−0.250	−0.083
ASPD	0.244	0.166	0.235

　　从思茅松天然林总体林分直径结构 Weibull 拟合参数 b、思茅松林分直径结构 Weibull 拟合参数 b 和其他树种林分直径结构 Weibull 拟合参数 b 随地形因子变化的曲线图 3.16 来看，各指数的曲线拟合效果显著性各有不同，从它们的曲线的拟合效果 R^2 来看，虽然 R^2 均比较小，但是它们的相关性检验均显著。思茅松天然林内总体林分直径结构 Weibull 拟合参数 b 随海拔的增加基本上保持不变；随坡度的增加而减小；而随坡向的增加而增大。林内思茅松林分直径结构 Weibull 拟合参数 b 随海拔、坡向的增加而增大，但增大的趋势较不明显；而随坡度的增加而减小。林内其他树种林分直径结构 Weibull 拟合参数 b 随海拔的增加呈先减小后增大的趋势；随坡度的增加呈先增大后减小的趋势；随坡向的增加而增大。

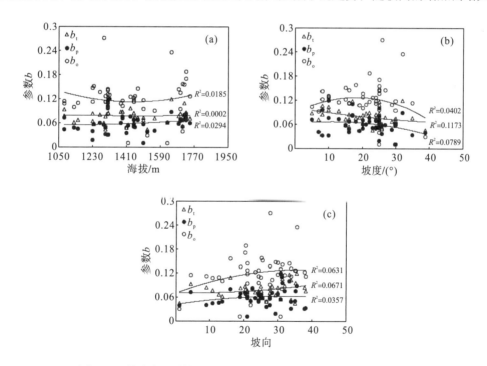

图 3.16　林分直径结构 Weibull 拟合参数 b 与地形因子相关性分析

　　3) 地形因子对思茅松天然林林分直径结构 Weibull 拟合参数 c 的影响

　　思茅松天然林总体、思茅松和其他树种林分直径结构 Weibull 拟合参数 c 与地形因子相关关系的分析结果见表 3.22。整体来看，与各地形因子相关性均不显著。其中，总体林分直径结构 Weibull 拟合参数 c 与海拔、坡度呈正相关，与坡向呈负相关，且与坡度具有最强正相关(0.112)；思茅松林分直径结构 Weibull 拟合参数 c 与海拔、坡度呈负相关，与坡向呈正相关，且与海拔具有最强相关性(-0.221)；其他树种林分直径结构 Weibull 拟合参数 c 与海拔、坡向呈正相关，与坡度呈负相关，且与坡度具有最强相关性(-0.141)。可见，思茅松天然林林分直径结构 Weibull 拟合参数 c 受海拔、坡度、坡向影响较明显。

表 3.22　地形因子与林分直径 Weibull 拟合参数 c 的相关关系表

指标	总体	思茅松	其他树种
Alt	0.093	-0.221	0.090
Slo	0.112	-0.031	-0.141
ASPD	-0.119	0.148	0.056

从思茅松天然林总体林分直径结构 Weibull 拟合参数 c、思茅松林分直径结构 Weibull 拟合参数 c 和其他树种林分直径结构 Weibull 拟合参数 c 随地形因子变化的曲线图 3.17 来看，各指数的曲线拟合效果显著性各有不同，从它们的曲线的拟合效果 R^2 来看，虽然 R^2 均比较小，但是它们的相关性检验均显著。思茅松天然林内总体林分直径结构 Weibull 拟合参数 c 随海拔的增加呈先增大后减小的趋势；随坡度的增加而增大；而随坡向的增加基本上保持不变。林内思茅松林分直径结构 Weibull 拟合参数 c 随海拔的增加呈先增大后减小的趋势；而随坡度、坡向的增加呈先减小后增大的趋势。林内其他树种林分直径结构 Weibull 拟合参数 c 随海拔、坡向的增加而增大；而随坡度的增加呈先增大后减小的趋势。

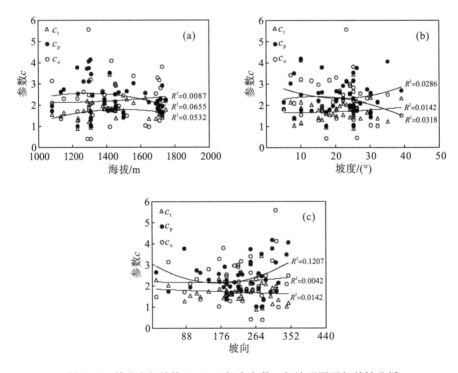

图 3.17　林分直径结构 Weibull 拟合参数 c 与地形因子相关性分析

3. 土壤因子对思茅松天然林林分直径结构 Weibull 拟合参数的影响

1) 土壤因子对思茅松天然林林分直径结构 Weibull 拟合参数 a 的影响

思茅松天然林总体、思茅松和其他树种林分直径结构 Weibull 拟合参数 a 与土壤因子相关关系的分析结果见表 3.23。其中，总体林分直径结构 Weibull 拟合参数 a 与全钾、速效钾存在显著负相关关系，相关系数分别为-0.355、-0.300；且与土壤 pH、土壤有机质含量呈正相关，与全氮等呈负相关。思茅松林分直径结构 Weibull 拟合参数 a 除与全钾呈正相关外，与其余土壤因子均呈负相关，且与土壤有机质含量具有最强相关性(-0.163)。其他树种林分直径结构 Weibull 拟合参数 a 与土壤 pH 等呈负相关，与土壤有机质含量等呈正相关，且与全钾具有最强负相关(-0.166)，与全磷具有最强正相关(0.286)。可见，思茅松天然林林分直径结构 Weibull 拟合参数 a 与全磷、全钾、速效钾有较为密切的关系。

表 3.23　土壤因子与林分直径 Weibull 拟合参数 a 的相关关系表

指标	总体	思茅松	其他树种
pH	0.039	-0.125	-0.006
OM	0.107	-0.163	0.161
TN	-0.089	-0.111	0.056
TP	-0.169	-0.103	0.286
TK	-0.355*	0.030	-0.166
HN	-0.034	-0.149	0.089
YP	-0.056	-0.154	0.197
SK	-0.300*	-0.125	-0.097

从思茅松天然林总体林分直径结构 Weibull 拟合参数 a、思茅松林分直径结构 Weibull 拟合参数 a 和其他树种林分直径结构 Weibull 拟合参数 a 随土壤因子变化的曲线图 3.18 来看，各指数的曲线拟合效果显著性各有不同，从它们的曲线的拟合效果 R^2 来看，虽然 R^2 均比较小，但是它们的相关性检验均显著。思茅松天然林内总体林分直径结构 Weibull 拟合参数 a 随土壤 pH、土壤有机质含量、全磷的增加呈先增大后减小的趋势，且分别在 5.4、42、0.02 处达到峰值 [图 3.18(a)、(b)、(d)]，而随土壤 pH 的变化趋势较不明显；随全氮、有效磷、速效钾的增加呈先减小后增大的趋势；随全钾的增加而减小；随水解性氮的增加基本上保持不变。林内思茅松林分直径结构 Weibull 拟合参数 a 随土壤 pH、全氮、速效钾的增加而减小；随土壤有机质含量、有效磷的增加呈先减小后增大的趋势；随全磷、全钾的增加呈先增大后减小的趋势，且分别在 0.02、1.4 处达到峰值 [图 3.18(d)、(e)]；而随水解性氮的增加而减小。林内其他树种林分直径结构 Weibull 拟合参数 a 随土壤 pH、土壤有机质含量、水解性氮、有效磷的增加呈先增大后减小的趋势，且分别在 5.4、42、50、2.4 处达到峰值，而随土壤有机质含量、有效磷变化的趋势较不明显；随全氮、全磷的增加而增大；随全钾的增加呈先减小后增大的趋势；随速效钾的增加基本上保持不变。

可见，林内思茅松、其他树种林分直径结构 Weibull 拟合参数 a 随全氮、全磷的变化趋势基本一致，而对思茅松天然林林分直径结构 Weibull 拟合参数 a 的影响并没有体现出一定的规律性。

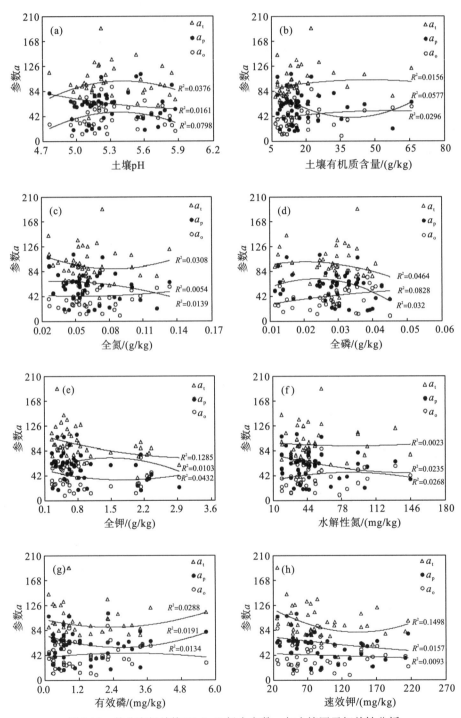

图 3.18　林分直径结构 Weibull 拟合参数 a 与土壤因子相关性分析

2）土壤因子对思茅松天然林林分直径结构 Weibull 拟合参数 b 的影响

思茅松天然林总体、思茅松和其他树种林分直径结构 Weibull 拟合参数 b 与土壤因子相关关系的分析结果见表 3.24。其中，思茅松林分直径结构 Weibull 拟合参数 b 与全磷存在极显著负相关关系，相关系数为-0.418；与全钾存在显著负相关关系，相关系数为-0.306。其他树种林分直径结构 Weibull 拟合参数 b 与全磷存在显著负相关关系，相关系数为-0.378。同时，总体、思茅和其他树种直径结构 Weibull 拟合参数 b 除与土壤 pH 呈正相关外，与其他土壤因子均呈负相关。可见，思茅松天然林林分直径结构 Weibull 拟合参数 b 与全磷、全钾、速效钾有较密切的关系。

表 3.24　土壤因子与 Weibull 拟合参数 b 的相关关系表

指标	总体	思茅松	其他树种
pH	0.116	0.162	0.152
OM	−0.063	−0.093	−0.100
TN	−0.236	−0.277	−0.168
TP	−0.21	−0.418**	−0.378*
TK	−0.157	−0.306*	−0.142
HN	−0.085	−0.108	−0.125
YP	−0.082	−0.203	−0.089
SK	−0.270	−0.227	−0.292

从思茅松天然林总体林分直径结构 Weibull 拟合参数 b、思茅松林分直径结构 Weibull 拟合参数 b 和其他树种林分直径结构 Weibull 拟合参数 b 随土壤因子变化的曲线图 3.19 来看，各指数的曲线拟合效果显著性各有不同，从它们的曲线的拟合效果 R^2 来看，虽然 R^2 均比较小，但是它们的相关性检验均显著。思茅松天然林内总体林分直径结构 Weibull 拟合参数 b 随土壤 pH 的增加而增大；随土壤有机质含量、全磷、有效磷的增加而减小；随全氮、全钾、水解性氮、速效钾的增加呈先减小后增大的趋势。林内思茅松林分直径结构 Weibull 拟合参数 b 随土壤 pH 的增加而增大；随土壤有机质含量的增加而减小；随全氮、全磷、全钾、水解性氮、有效磷、速效钾的增加呈先减小后增大的趋势。林内其他树种林分直径结构 Weibull 拟合参数 b 随土壤 pH、土壤有机质含量、全氮、全钾、水解性氮、有效磷、速效钾的增加呈先减小后增大的趋势，且随土壤 pH、速效钾的变化趋势较明显；而随全磷的增加而减小。可见，全氮、全钾、水解性氮、速效钾对思茅松天然林林分直径结构 Weibull 拟合参数 b 的影响基本一致，而其他土壤因子对其影响并没有体现出一定的规律性。

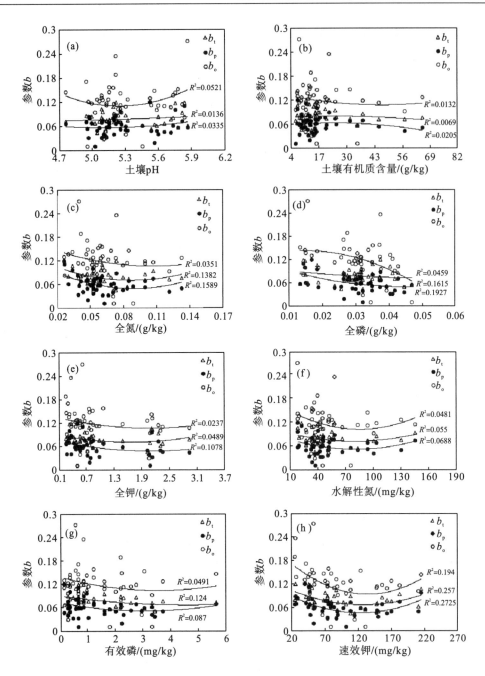

图 3.19　林分直径结构 Weibull 拟合参数 b 与土壤因子相关性分析

注：b_t：思茅松天然林总体林分直径结构 Weibull 拟合参数 b；b_p：思茅松天然林思茅松林分直径结构 Weibull 拟合参数 b；b_o：思茅松天然林其他树种林分直径结构 Weibull 拟合参数 b。(a)：土壤 pH 值(pH)；(b)：土壤有机质含量(OM)；(c)：全氮(TN)；(d)：全磷(TP)；(e)：全钾(TK)；(f)：水解性氮(HN)；(g)：有效磷(YP)；(h)：速效钾(Sk)。

3) 土壤因子对思茅松天然林林分直径结构 Weibull 拟合参数 c 的影响

思茅松天然林总体、思茅松和其他树种林分直径结构 Weibull 拟合参数 c 与土壤因子相关关系的分析结果见表 3.25。整体来看，与各土壤因子的相关性均不显著。其中，总体林分直径结构 Weibull 拟合参数 c 与土壤 pH 等呈负相关，与土壤有机质含量等呈正相关，且与全氮具有最强相关性(0.289)；思茅松林分直径结构 Weibull 拟合参数 c 与土壤 pH 等呈负相关，与土壤有机质含量等呈正相关，且与有效磷具有最强相关性(0.239)；其他树种林分直径结构 Weibull 拟合参数 c 与土壤 pH、有效磷呈负相关，与其他土壤因子均呈正相关，且与土壤 pH 存在显著负相关关系(-0.365)，与水解性氮具有最强正相关(0.292)。可见，思茅松天然林林分直径结构 Weibull 拟合参数 c 与土壤 pH、全氮、水解性氮有较密切的关系。

表 3.25　土壤因子与林分直径 Weibull 拟合参数 c 的相关关系表

指标	总体	思茅松	其他树种
pH	-0.151	-0.012	-0.365*
OM	0.217	0.037	0.205
TN	0.289	0.058	0.284
TP	0.213	0.117	0.196
TK	-0.066	-0.011	0.094
HN	0.252	-0.005	0.292
YP	-0.100	0.239	-0.075
SK	0.139	-0.069	0.019

从思茅松天然林总体林分直径结构 Weibull 拟合参数 c、思茅松林分直径结构 Weibull 拟合参数 c 和其他树种林分直径结构 Weibull 拟合参数 c 随土壤因子变化的曲线图 3.20 来看，各指数的曲线拟合效果显著性各有不同，从它们的曲线的拟合效果 R^2 来看，虽然 R^2 均比较小，但是它们的相关性检验均显著。思茅松天然林内总体林分直径结构 Weibull 拟合参数 c 随土壤 pH 的增加而减小；随土壤有机质含量、水解性氮、速效钾的增加呈先增大后减小的趋势，且在 36、80、100 处达到峰值 [图 3.20(b)、(f)、(h)]；随全氮的增加而增大；随全磷呈现先减小后增大的趋势；随全钾的增加基本上保持不变；随有效磷的增加而增大。林内思茅松林分直径结构 Weibull 拟合参数 c 随土壤 pH、有效磷的增加而减小；随全氮的增加而增大；随土壤有机质含量、全钾、水解性氮、速效钾的增加呈先增大后减小的趋势，且在 36、1.4、80、100 处达到峰值 [图 3.20(b)、(e)、(f)、(h)]；随全磷的增加呈先减小后增大的趋势。林内其他树种林分直径结构 Weibull 拟合参数 c 随土壤 pH 的增加而减小；随土壤有机质含量、全氮、全钾、有效磷的增加而增大；随水解性氮、速效钾的增加呈先增大后减小的趋势，且在 120、100 处达到峰值，随全磷的增加呈先减小后增大的趋势，且在 0.03 处达到峰值 [图 3.20(d)、(f)、(g)、(h)]。可见，土壤有机质含量、全氮对思茅松天然林林分直径结构 Weibull 拟合参数 c 的影响是一致的，总体、思茅松和其他树种林分直径结构 Weibull 拟合参数 c 随速效钾的变化趋势基本一致。

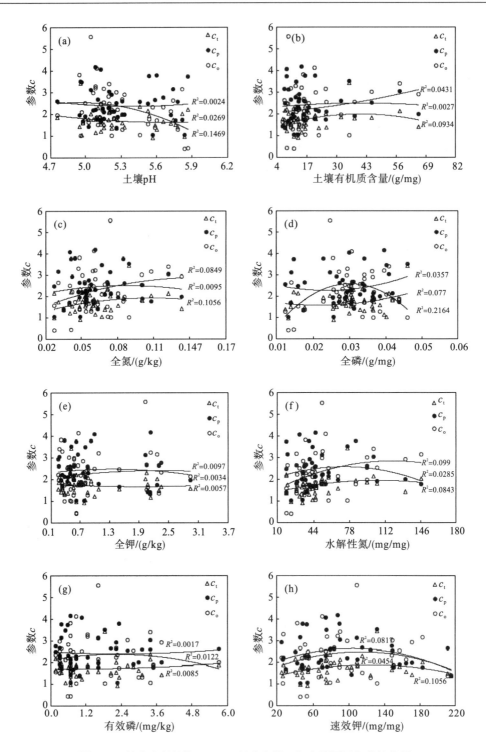

图 3.20　林分直径结构 Weibull 拟合参数 c 与土壤因子相关性分析

4. 气候因子对思茅松天然林林分直径结构 Weibull 拟合参数的影响

1）气候因子对思茅松天然林林分直径结构 Weibull 拟合参数 a 的影响

思茅松天然林总体、思茅松和其他树种林分直径结构 Weibull 拟合参数 a 与气候因子相关关系的分析结果见表 3.26。整体来看，与各气候因子的相关性均不显著。其中，总体林分直径结构 Weibull 拟合参数 a 与 bio1、bio4、bio5 等气候因子呈现出正相关，与气候因子 bio2、bio3、bio7、bio12 呈负相关，且与 bio19 具有最强正相关（0.210），与 bio3 呈最强负相关（-0.107）；思茅松林分直径结构 Weibull 拟合参数 a 与 bio1、bio2、bio3、bio5 等气候因子呈负相关，与 bio4、bio13、bio14 等气候因子呈正相关，且与 bio3 具有最强负相关（-0.115）；与 bio14 具有最强正相关（0.127）；其他树种林分直径结构 Weibull 拟合参数 a 与 bio1、bio2、bio4 等呈正相关，与 bio3、bio12、bio13 等呈负相关，且与 bio6 具有最强相关性（0.194）。可见，思茅松天然林林分直径结构 Weibull 拟合参数 a 与 bio3、bio14、bio19 有较密切的关系。

表 3.26　气候因子与林分直径 Weibull 拟合参数 a 的相关关系表

指标	总体	思茅松	其他树种	指标	总体	思茅松	其他树种
bio1	0.069	-0.092	0.129	bio11	0.026	-0.112	0.097
bio2	-0.039	-0.094	0.006	bio12	-0.073	-0.08	-0.09
bio3	-0.107	-0.115	-0.036	bio13	0.151	0.079	-0.019
bio4	0.164	0.114	0.071	bio14	0.161	0.127	0.055
bio5	0.044	-0.101	0.105	bio15	0.085	0.094	-0.017
bio6	0.108	-0.093	0.194	bio16	0.106	0.086	-0.073
bio7	-0.014	-0.088	0.017	bio17	0.209	0.102	0.099
bio8	0.140	-0.064	0.182	bio18	0.052	0.072	-0.046
bio9	0.064	-0.112	0.134	bio19	0.210	0.100	0.097
bio10	0.129	-0.071	0.176				

从思茅松天然林总体林分直径结构 Weibull 拟合参数 a、思茅松林分直径结构 Weibull 拟合参数 a 和其他树种林分直径结构 Weibull 拟合参数 a 随温度因子变化的曲线图 3.21 来看，各指数的曲线拟合效果显著性各有不同，从它们的曲线的拟合效果 R^2 来看，虽然 R^2 均比较小，但是它们的相关性检验均显著。思茅松天然林总体林分直径结构 Weibull 拟合参数 a 随 bio1、bio5 的增加呈先减小后增大的趋势；随 bio3、bio4、bio7 的增加呈先增大后减小的趋势，且分别在 5.1、35℃、23.2℃处达到峰值［图 3.21（b）、（c）、（e）］。林内思茅松林分直径结构 Weibull 拟合参数 a 随 bio1、bio5 的增加呈先减小后增大的趋势；随 bio3 的增加而减小；而随 bio4 的增加而增大；随 bio7 的增加呈先增大后减小的趋势，且在 23.2℃处达到峰值［图 3.21（e）］。林内其他树种林分直径结构 Weibull 拟合参数 a 随 bio1、bio5 的增加呈先减小后增大的趋势；随 bio3、bio4、bio7 的增加呈先增大后减小的

趋势，且分别在 5.1、35℃、23.2℃处达到峰值［图 3.21(b)、(c)、(e)］。可见，温度因子 bio1、bio5 对思茅松天然林林分直径结构 Weibull 拟合参数 *a* 的影响基本一致，林内总体、思茅松和其他树种林分直径结构 Weibull 拟合参数 *a* 随温度因子 bio7 的变化趋势基本一致。

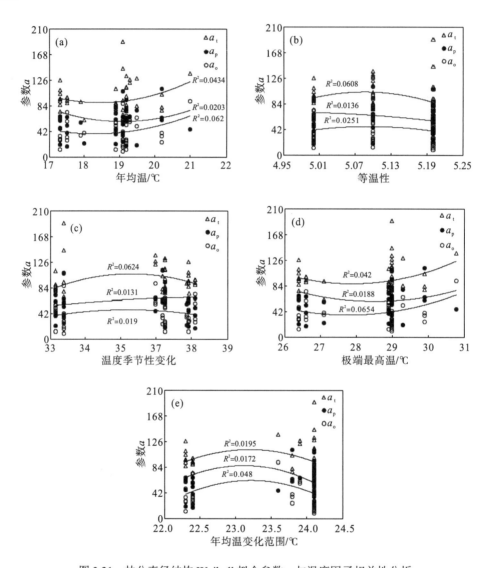

图 3.21　林分直径结构 Weibull 拟合参数 *a* 与温度因子相关性分析

从思茅松天然林总体林分直径结构 Weibull 拟合参数 *a*、思茅松林分直径结构 Weibull 拟合参数 *a* 和其他树种林分直径结构 Weibull 拟合参数 *a* 随降水因子变化的曲线图 3.22 来看，各指数的曲线拟合效果显著性各有不同，从它们的曲线的拟合效果 R^2 来看，虽然 R^2 均比较小，但是它们的相关性检验均显著。思茅松天然林总体林分直径结构 Weibull 拟合参数 *a* 随 bio12 的增加而减小；随 bio13、bio16、bio17、bio18、bio19

的增加呈先减小后增大的趋势；随 bio14 的增加呈先增大后减小的趋势，且在 14mm处达到峰值［图 3.22（c）］；而随 bio15 的增加而增大。林内思茅松林分直径结构 Weibull拟合参数 a 随 bio12、bio13、bio16、bio17、bio19 的增加呈先增大后减小的趋势，且分别在 1440mm、310mm、820mm、47mm、54mm 处达到峰值［图 3.22（a）、（b）、（e）、（f）、（h）］；随 bio14、bio18 的增加呈先减小后增大的趋势；随 bio15 的增加而增大。林内其他树种林分直径结构 Weibull 拟合参数 a 随 bio12、bio13、bio15、bio16、bio18的增加呈先减小后增大的趋势；随 bio14、bio17、bio19 的增加呈先增大后减小的趋势，且分别在 13.5mm、47mm、55mm 处达到峰值［图 3.22（c）、（f）、（h）］。可见，降水因子 bio12、bio13 和 bio16 对思茅松天然林林分直径结构 Weibull 拟合参数 a 的影响基本一致；bio17、bio19 对其影响也是一致的，而其他降水因子对之影响并没有体现出一定的规律性。

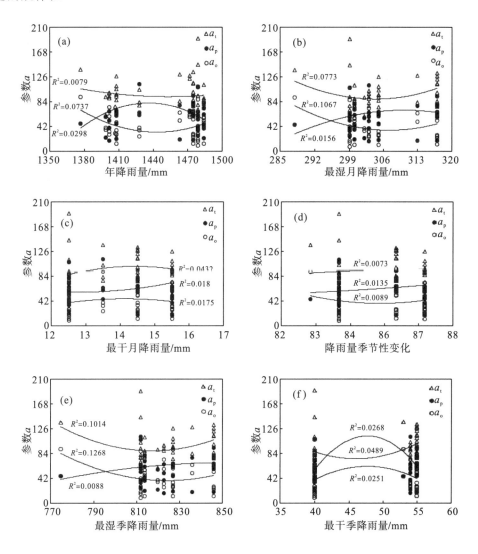

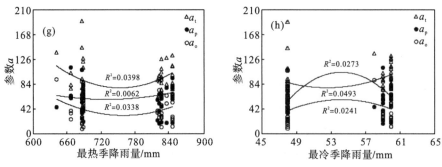

图 3.22　林分直径结构 Weibull 拟合参数 a 与降水因子相关性分析

2) 气候因子对思茅松天然林林分直径结构 Weibull 拟合参数 b 的影响

思茅松天然林总体、思茅松和其他树种林分直径结构 Weibull 拟合参数 b 与气候因子相关关系的分析结果见表 3.27。整体来看，与各气候因子的相关性均不显著。其中，总体林分直径结构 Weibull 拟合参数 b 与 bio1、bio2、bio3、bio5 等气候因子呈负相关，与 bio4、bio8、bio13 等气候因子呈正相关，且与 bio3 具有最强负相关(−0.202)，与 bio13 呈最强正相关(0.282)；思茅松林分直径结构 Weibull 拟合参数 b 除与气候因子 bio6 呈负相关，与其他气候因子均呈正相关，且与 bio16 具有最强相关性(0.210)；其他树种林分直径结构 Weibull 拟合参数 b 与 bio1、bio2、bio3、bio5 等呈负相关，且与 bio3 具有最强负相关性(−0.213)，与 bio4、bio13、bio14 等呈现出正相关，且与 bio14 具有最强正相关(0.246)。可见，思茅松天然林林分直径结构 Weibull 拟合参数 b 与 bio3、bio13、bio14、bio19 有较密切的关系。

表 3.27　气候因子与林分直径 Weibull 拟合参数 b 的相关关系表

指标	总体	思茅松	其他树种	指标	总体	思茅松	其他树种
bio1	−0.073	0.006	−0.172	bio11	−0.123	0.006	−0.201
bio2	−0.116	0.068	−0.195	bio12	−0.073	0.138	−0.138
bio3	−0.202	0.027	−0.213	bio13	0.282	0.204	0.141
bio4	0.249	0.011	0.212	bio14	0.265	0.041	0.246
bio5	−0.091	0.023	−0.19	bio15	0.265	0.071	0.242
bio6	−0.075	−0.06	−0.155	bio16	0.280	0.210	0.168
bio7	−0.086	0.082	−0.182	bio17	0.274	0.044	0.200
bio8	0.010	0.007	−0.115	bio18	0.277	0.142	0.195
bio9	−0.083	0.012	−0.188	bio19	0.276	0.049	0.203
bio10	−0.005	0.006	−0.127				

从思茅松天然林总体林分直径结构 Weibull 拟合参数 b、思茅松林分直径结构 Weibull 拟合参数 b 和其他树种林分直径结构 Weibull 拟合参数 b 随温度因子变化的曲线图 3.23 来看，各指数的曲线拟合效果显著性各有不同，从它们的曲线的拟合效果 R^2 来看，虽然 R^2

均比较小，但是它们的相关性检验均显著。思茅松天然林总体林分直径结构 Weibull 拟合参数 b 随 bio1、bio5、bio7 的增加而基本上保持不变；随 bio3 的增加而减小；随 bio4 的增加呈先增大后减小的趋势，且在 35℃ 处达到峰值［图 3.23（c）］。林内思茅松林分直径结构 Weibull 拟合参数 b 随 bio1、bio3、bio4、bio5 的增加呈先增大后减小的趋势，且分别在 18℃、5.1、35、28℃ 处达到峰值［图 3.23（a）～（d）］；而随 bio7 的增加呈先减小后增大的趋势。林内其他树种林分直径结构 Weibull 拟合参数 b 随 bio1、bio5、bio7 的增加呈先减小后增大的趋势；随 bio3 的增加而减小；而随 bio4 的增加而增大。可见，温度因子 bio1、bio5 对思茅松天然林林分直径结构 Weibull 拟合参数 a 的影响基本一致，而其他温度因子对其影响并没有体现出类似的规律性。

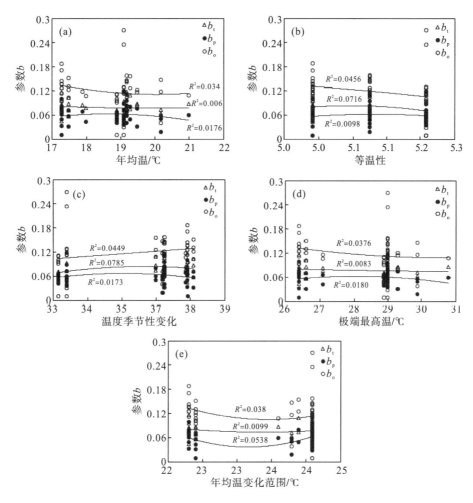

图 3.23　林分直径结构 Weibull 拟合参数 b 与温度因子相关性分析

从思茅松天然林总体林分直径结构 Weibull 拟合参数 b、思茅松林分直径结构 Weibull 拟合参数 b 和其他树种林分直径结构 Weibull 拟合参数 b 随降水因子变化的曲线图 3.24 来看，各指数的曲线拟合效果显著性各有不同，从它们的曲线的拟合效果 R^2

来看，虽然 R^2 均比较小，但是它们的相关性检验均显著。思茅松天然林总体林分直径结构 Weibull 拟合参数 b 随 bio12 的增加而减小；随 bio13、bio16、bio17、bio18、bio19的增加呈先减小后增加的趋势；而随 bio14、bio15 的增加呈先增加后减小的趋势，且分别在 14mm、86 处达到峰值〔图 3.24（c）、（d）〕。林内思茅松林分直径结构 Weibull拟合参数 b 随 bio12 的增加而基本上保持不变；随 bio13、bio16、bio17、bio18、bio19的增加呈先减小后增大的趋势；而随 bio14、bio15 的增加呈先增大后减小的趋势，且在 14mm、86 处达到峰值〔图 3.24（c）、（d）〕。林内其他树种林分直径结构 Weibull 拟合参数 b 随 bio12、bio18 的增加呈先增大后减小的趋势，且在 1440mm、840mm 处达到峰值〔图 3.24（a）、（g）〕；随 bio13、bio14、bio15、bio16 的增加而增大；随 bio17、bio19 的增加呈先减小后增大的趋势。可见，降水因子 bio13、bio16 对思茅松天然林林分直径结构 Weibull 拟合参数 a 的影响基本一致，bio17、bio19 对其影响也是一致的，而其他降水因子对其影响并没有体现出类似的规律性。

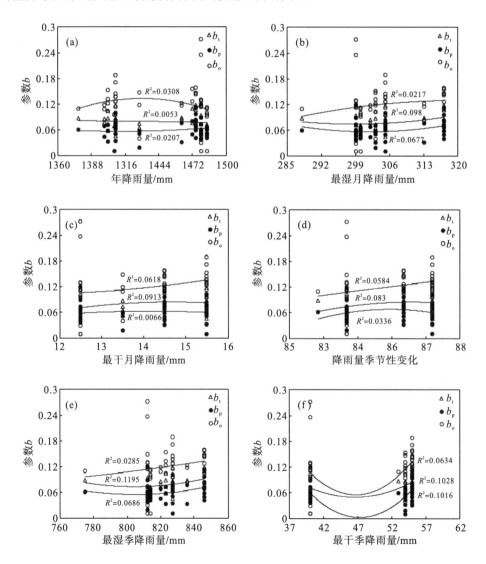

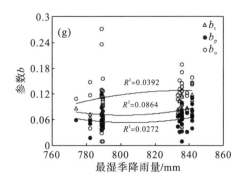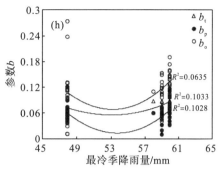

图 3.24 林分直径结构 Weibull 拟合参数 b 与降水因子相关性分析

3) 气候因子对思茅松天然林林分直径结构 Weibull 拟合参数 c 的影响

思茅松天然林总体、思茅松和其他树种林分直径结构 Weibull 拟合参数 c 与气候因子相关关系的分析结果见表 3.28。整体来看,与各气候因子的相关性较显著。其中,总体林分直径结构 Weibull 拟合参数 c 与 bio4、bio13、bio14、bio16、bio17、bio19 等气候因子存在极显著负相关关系,与 bio15、bio18 存在显著负相关关系;与 bio3 存在显著正相关关系。思茅松林分直径结构 Weibull 拟合参数 c 除与气候因子 bio3、bio12 呈正相关外,与其他气候因子均呈负相关,且与 bio8 具有最强相关性(-0.211)。其他树种林分直径结构 Weibull 拟合参数 c 与气候因子 bio2、bio3、bio7 存在极显著负相关关系;与 bio1、bio5、bio9、bio11、bio12 存在显著负相关关系;与 bio4、bio14、bio15、bio19 存在显著正相关关系。可见,思茅松天然林林分直径结构 Weibull 拟合参数 c 与 bio3、bio4、bio13、bio14 等气候因子均有较密切的关系。

表 3.28 气候因子与林分直径 Weibull 拟合参数 c 相关关系表

指标	总体	思茅松	其他树种	指标	总体	思茅松	其他树种
bio1	0.044	−0.146	−0.324*	bio11	0.141	−0.096	−0.348*
bio2	0.216	−0.014	−0.410**	bio12	0.205	0.030	−0.360*
bio3	0.373*	0.080	−0.382**	bio13	−0.420**	−0.190	0.027
bio4	−0.470**	−0.157	0.313*	bio14	−0.408**	−0.055	0.366*
bio5	0.097	−0.112	−0.352*	bio15	−0.349*	−0.024	0.329*
bio6	−0.003	−0.173	−0.202	bio16	−0.384**	−0.137	0.066
bio7	0.156	−0.045	−0.403**	bio17	−0.511**	−0.200	0.293
bio8	−0.113	−0.211	−0.235	bio18	−0.360*	−0.023	0.189
bio9	0.066	−0.129	−0.323*	bio19	−0.512**	−0.198	0.294*
bio10	−0.084	−0.200	−0.252				

从思茅松天然林总体林分直径结构 Weibull 拟合参数 c、思茅松林分直径结构 Weibull

拟合参数 c 和其他树种林分直径结构 Weibull 拟合参数 c 随温度因子变化的曲线图 3.25 来看，各指数的曲线拟合效果显著性各有不同，从它们的曲线的拟合效果 R^2 来看，虽然 R^2 均比较小，但是它们的相关性检验均显著。思茅松天然林总体林分直径结构 Weibull 拟合参数 c 随 bio1、bio5 的增加呈先增大后减小的趋势，且分别在 19℃、29℃ 处达到峰值 [图 3.25（a）、（d）]；随 bio3、bio4、bio7 的增加先减小后增大的趋势。林内思茅松林分直径结构 Weibull 拟合参数 c 随 bio1 的增加而减小；随 bio3、bio4、bio7 的增加呈先减小后增大的趋势；随 bio5 的增加呈先增大后减小的趋势，且在 27℃ 处达到峰值 [图 3.25（d）]。林内其他树种林分直径结构 Weibull 拟合参数 c 随 bio1、bio4、bio5 的增加呈先减小后增大的趋势；随 bio3、bio7 的增加而减小。可见，温度因子 bio1、bio5 对思茅松天然林林分直径结构 Weibull 拟合参数 a 的影响基本一致，bio3、bio7 对其影响也是一致的，而其他温度因子对其影响并没有体现出一定的规律性。

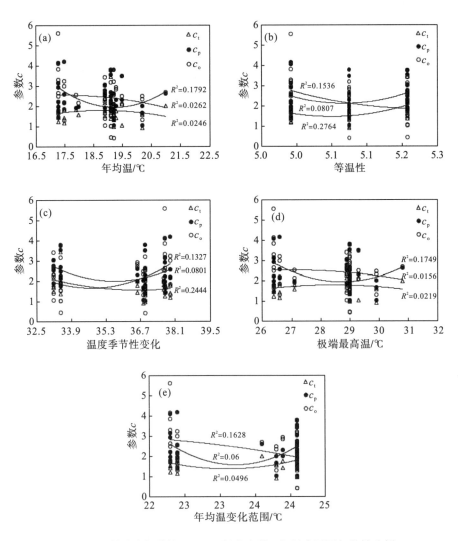

图 3.25　林分直径结构 Weibull 拟合参数 c 与温度因子相关性分析

　　从思茅松天然林总体林分直径结构 Weibull 拟合参数 c、思茅松林分直径结构 Weibull 拟合参数 c 和其他树种林分直径结构 Weibull 拟合参数 c 随降水因子变化的曲线图 3.26 来看，各指数的曲线拟合效果显著性各有不同，从它们的曲线的拟合效果 R^2 来看，虽然 R^2 均比较小，但是它们的相关性检验均显著。思茅松天然林总体林分直径结构 Weibull 拟合参数 c 随 bio12、bio14、bio15 的增加呈先减小后增大的趋势；随 bio13、bio16、bio17、bio19 的增加而减小；而随 bio18 的增加呈先增大后减小的趋势，且在 720mm 处达到峰值［图 3.26（g）］。林内思茅松林分直径结构 Weibull 拟合参数 c 随 bio12、bio14、bio15、bio17、bio19 的增加呈先减小后增加的趋势；随 bio13 的增加而减小；随 bio16、bio18 的增加呈先增大后减小的趋势，且分别在 810mm、750mm 处达到峰值［图 3.26（e）、（g）］。林内其他树种林分直径结构 Weibull 拟合参数 c 随 bio12 的增加而减小；随 bio13、bio18 的增加呈先增大后减小的趋势，且在 302mm、750mm 处达到峰值［图 3.26（b）、（g）］；随 bio14、bio16 的增加而增大；随 bio15、bio17、bio19 的

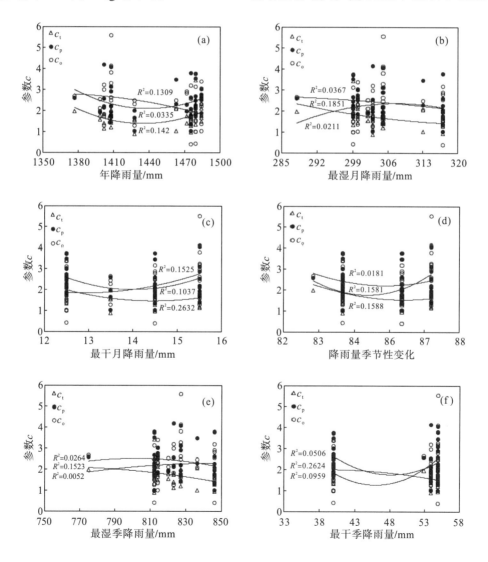

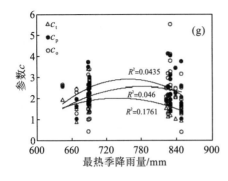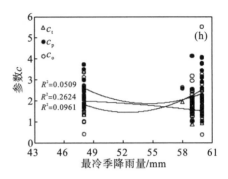

图 3.26   林分直径结构 Weibull 拟合参数 c 与降水因子相关性分析

增加呈先减小后增大的趋势。可见，降水因子 bio14、bio15 对思茅松天然林林分直径结构 Weibull 拟合参数 a 的影响基本一致，而其他降水因子对其影响并没有体现出类似的规律性。

3.2.2   思茅松天然林林分直径结构变化的排序分析

3.2.2.1   林分因子对思茅松林分直径结构变化的环境解释

1. 林分因子对思茅松天然林林分直径结构分布的峰度与偏度变化的环境解释

从表 3.29 中可以看出四个轴的特征值分别为 0.020、0.005、0.003 和 0。四个轴分别表示了林分因子变量的 17.9%、22.2%、24.7%和 24.9%。第一排序轴解释了思茅松天然林林分直径结构分布的峰度与偏度变化信息的 71.7%，前两轴累积解释其变化的 88.7%，前三轴累积解释其变化的 98.8%，可见排序的前三轴，尤其是第一轴较好的反映了样地林分直径结构分布的峰度与偏度随林分因子的变化。

表 3.29   林分直径偏度峰度与林分因子的 CCA 排序结果

指标	AX1	AX2	AX3	AX4	Total
EI	0.020	0.005	0.003	0	0.113
SPEC	0.626	0.466	0.282	0.368	
CPVSD	17.9	22.2	24.7	24.9	
CPVSER	71.7	88.7	98.8	99.6	

注：EI，特征值；Total，典范排序总惯量；SPEC，研究对象与环境相关关系；CPVSD，排序轴对研究对象解释贡献率；CPVSER，排序轴对研究对象环境关系解释贡献率；AX1、AX2、AX3 和 AX4 分别是第一、第二、第三和第四排序轴。后同。

从表 3.30 可以看出，林分年龄与排序轴第四轴具有最大相关性，为 0.2882，林分密度指数次之。地位指数与排序轴第四轴的相关系数为 0.0007，可见，地位指数与第四轴的相关性很弱。所有林分因子均与第四轴呈正相关。林分密度指数与第二轴呈最大相关性，为 0.2804，林分优势高次之。除林分密度指数外，其他林分因子均与第二轴呈负相关。可见，对思茅松天然林林分直径结构分布的峰度与峰度有影响的林分因子有林分年龄和林分密度指数。

表 3.30　林分直径偏度峰度与林分因子 CCA 排序各轴的相关性分析

指标	AX1	AX2	AX3	AX4
Age	0.0516	−0.1894	−0.0565	0.2882
YBD	0.2263	−0.1653	0.0648	0.1956
Hm	−0.0744	−0.2379	−0.008	0.2479
Ht	0.0836	−0.2465	−0.0506	0.2160
SDI	−0.0376	0.2804	0.0540	0.2820
SI	0.0811	−0.1254	0.0494	0.0007

　　根据前两轴绘制的二维排序图 3.27 可以看出，沿 CCA 第一轴从左至右，林分平均高和林分密度指数不断降低，林分优势高、郁闭度等林分因子有不断上升的趋势。沿着 CCA 第二轴从下往上，林分平均高、林分优势高、郁闭度等林分因子逐渐下降，林分密度指数逐渐增加。林分密度指数与第二轴具有最强正相关。林分平均高与第二轴呈较强负相关，与第一轴也具有负相关性，但相关关系不十分密切。林分优势高、郁闭度等林分因子与第一轴呈正相关，与第二轴呈负相关。郁闭度最大，林分平均高和林分密度指数最小时，思茅松天然林总体林分直径结构分布的峰度(kurtad)取得最大值。思茅松天

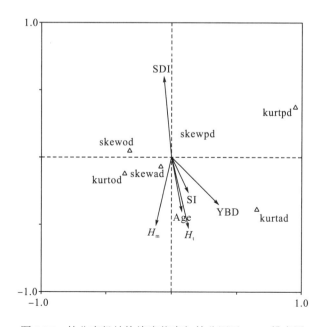

图 3.27　林分直径结构峰度偏度与林分因子 CCA 排序图

然林思茅松林分直径结构分布的偏度(skewpd)在林分密度指数较小,林分优势高、郁闭
度最小时取得最大值。思茅松天然林总体林分直径结构分布的偏度(skewad)受林分平均
高影响较大。思茅松天然林思茅松林分直径结构分布的峰度(kurtpd)并没有体现出类似
的规律性。

2. 林分因子对思茅松天然林林分直径结构拟合函数参数变化的环境解释

从表 3.31 中可以看出四个轴的特征值分别为0.018、0.007、0.004 和0.002。四个轴分
别表示了林分因子变量的 14.4%、20.3%、23.7%和25.4%。第一排序轴解释了思茅松天然
林林分直径结构拟合函数参数变化信息的 55.0%,前两轴累积解释其变化的 77.2%,前三
轴累积解释其变化的 90.3%,可见排序的前三轴,尤其是第二轴较好的反映了样地林分直
径分布函数拟合参数随林分因子的变化。

从表 3.32 可以看出,林分年龄与排序轴前三轴均呈现正相关性,与第四轴呈负相关,
且与第一轴的相关性最大,为 0.4815。林分平均高与排序轴第一轴呈最大相关性,为
0.6820,林分优势高次之,郁闭度与第二轴具有最大相关性,为 0.5328,所有的林分因子
均与第一轴、第二轴呈正相关。除郁闭度和林分密度指数外,其他林分因子均与第四轴呈
负相关。地位指数与第四轴的相关系数为-0.0292,可见,地位指数与第四轴基本上没有
相关性。因此,对思茅松天然林林分直径结构拟合函数参数有影响的林分因子有林分年龄、
郁闭度、林分平均高和林分优势高。

表 3.31　林分直径分布函数拟合参数与林分因子的 CCA 排序结果

指标	AX1	AX2	AX3	AX4	Total
EI	0.018	0.007	0.004	0.002	0.122
SPEC	0.756	0.552	0.461	0.337	
CPVSD	14.4	20.3	23.7	25.4	
CPVSER	55.0	77.2	90.3	96.6	

表 3.32　林分直径分布函数拟合参数与林分因子 CCA 排序各轴的相关性分析

指标	AX1	AX2	AX3	AX4
Age	0.4815	0.1970	0.2259	-0.1343
YBD	0.0635	0.5328	0.0436	0.0502
H_m	0.6820	0.1689	-0.0305	-0.0763
H_t	0.5772	0.2009	-0.0586	-0.1493
SDI	0.2158	0.0964	0.0849	0.1674
SI	0.2956	0.0849	-0.2653	-0.0292

根据二维排序图 3.28 可以看出,沿 CCA 第一轴从左至右,郁闭度、林分密度指数、
林分年龄等六个林分因子不断增大。第二轴从下往上地位指数、林分平均高、林分优势高
等六个林分因子逐渐上升。六个林分因子均与第一、二轴呈正相关,郁闭度与第二轴具有

最强相关性。林分平均高、林分优势高等林分因子与第一轴的相关性较强。思茅松天然林其他树种林分直径结构拟合函数 a 参数(a_o)在郁闭度、林分年龄最大时取得最大值。思茅松天然林思茅松林分直径结构拟合函数 c 参数(c_p)受林分平均高影响较大。思茅松天然林总体林分直径结构拟合函数 a 参数(a_t)、b 参数(b_t)和思茅松天然林其他树种林分直径结构拟合函数 b 参数(b_o)聚集在一起，说明三个参数的变化趋势相似，它们在相似的条件下取得最大值，即郁闭度偏小、林分平均高、地位指数等林分因子最小时取得最大值。思茅松天然林思茅松林分直径结构拟合函数 a 参数(a_p)、b 参数(b_p)、思茅松天然林总体林分直径结构拟合函数 c 参数(c_t)和思茅松天然林其他树种林分直径结构拟合函数 c 参数(c_o)并没有体现出类似的规律。

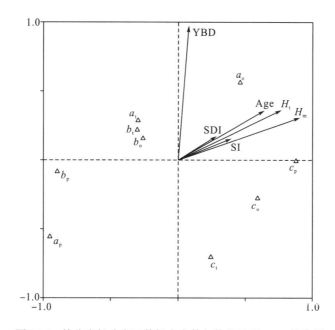

图 3.28　林分直径分布函数拟合参数与林分因子 CCA 排序图

3.2.2.2　地形因子对思茅松林分直径结构变化的环境解释

1. 地形因子对思茅松天然林林分直径结构分布的峰度与偏度变化的环境解释

从表 3.33 中可以看出，四个轴的特征值分别为 0.010、0.005、0.000 和 0.058。四个轴分别表示了地形因子变量的 8.6%、12.6%、12.8% 和 64.3%。第一排序轴解释了思茅松天然林林分直径结构分布峰度与偏度变化信息的 67.1%，前两轴累积解释其变化的 98.5%，前三轴累积解释其变化已达到 100%，可见排序的前三轴，尤其是第一轴较好的反映了样地林分直径结构分布的峰度与偏度随地形因子的变化。

从表 3.34 可以看出，海拔与排序轴第一轴具有最大正相关性，为 0.4602，其与第二、三轴均呈负相关。坡度与第一轴呈较大相关性，为 0.2945，与第二轴的相关性次之，除其与第三轴呈负相关外,与第一、二轴均呈正相关。坡向与前三轴均呈负相关,与每轴的相关性绝对值均为三个地形因子中最低。海拔、坡度和坡向均与第四轴无相关性。因此,对样地林分直径结构分布的峰度与偏度有影响的地形因子有海拔和坡度。

表 3.33　林分直径偏度峰度与地形因子的 CCA 排序结果

指标	AX1	AX2	AX3	AX4	Total
EI	0.010	0.005	0.000	0.058	0.113
SPEC	0.541	0.281	0.110	0.000	
CPVSD	8.6	12.6	12.8	64.3	
CPVSER	67.1	98.5	100.0	0.0	

表 3.34　林分直径偏度峰度与地形因子 CCA 排序各轴的相关性分析

指标	AX1	AX2	AX3	AX4
Alt	0.4602	−0.1093	−0.0389	0
Slo	0.2945	0.2295	−0.0211	0
ASPD	−0.2106	−0.0517	−0.0991	0

　　根据前两轴绘制的二维排序图 3.29 可以看出,沿 CCA 第一轴从左至右,坡向逐渐减小,海拔和坡度逐渐增大。沿着 CCA 第二轴从下往上,坡向和海拔不断降低,坡度有不断增长的趋势。坡度与第一、二轴均呈较强正相关。海拔与第一轴有较强正相关,与第二轴则呈负相关,但相关关系不十分密切。坡向与第一、二轴均呈负相关。思茅松天然林总体林分直径结构分布的偏度(skewad)和思茅松天然林思茅松林分直径

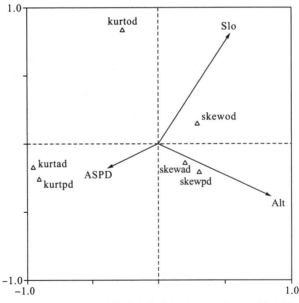

图 3.29　林分直径结构峰度偏度与地形因子 CCA 排序图

结构分布的偏度(skewpd)位置很近，表明两者具有相似的变化趋势，它们在相似的条件下取得最大值，即海拔较小，坡度和坡向最小时取得最大值。思茅松天然林总体林分直径结构分布的峰度(kurtad)和思茅松天然林思茅松林分直径结构分布的峰度(kurtpd)受坡向影响较大，思茅松天然林其他树种林分直径结构分布的偏度(skewod)受坡度的影响较大。思茅松天然林其他树种林分直径结构分布的峰度(kurtod)并没有体现出类似的规律性。

2. 地形因子对思茅松天然林林分直径结构拟合函数参数变化的环境解释

从表 3.35 中可以看出，四个轴的特征值分别为 0.003、0.002、0.001 和 0.033。四个轴分别表示了地形因子变量的 2.7%、4.7%、5.7% 和 32.5%。第一排序轴解释了思茅松天然林林分直径结构拟合函数参数变化信息的 46.5%，前两轴累积解释其变化的 81.9%，前三轴累积解释其变化已达到 100%，可见排序的前三轴，尤其是第二轴较好地反映了样地林分直径结构拟合函数参数随地形因子的变化。

从表 3.36 可以看出，坡度与排序轴第一轴具有最大相关性，为 0.3861，其与第一、二、三轴均呈正相关。海拔与第二轴呈较大相关性，为 -0.2859，其与第一、三轴呈正相关。坡向与前三轴均呈负相关。海拔、坡度和坡向均与第四轴无相关性。因此对样地林分直径结构拟合函数参数有影响的地形因子是海拔和坡度。

表 3.35　林分直径分布函数拟合参数与地形因子的 CCA 排序结果

指标	AX1	AX2	AX3	AX4	Total
EI	0.003	0.002	0.001	0.033	0.122
SPEC	0.386	0.298	0.284	0	
CPVSD	2.7	4.7	5.7	32.5	
CPVSER	46.5	81.9	100.0	0	

表 3.36　林分直径分布函数与地形因子 CCA 排序各轴的相关性分析

指标	AX1	AX2	AX3	AX4
Alt	0.0965	-0.2859	0.0376	0
Slo	0.3861	0.0026	0.0039	0
ASPD	-0.0705	-0.0437	-0.2758	0

根据二维排序图 3.30 可以看出，沿 CCA 第一轴从左至右，坡向不断降低，海拔和坡度有不断上升的趋势。沿着 CCA 第二轴从下往上，坡向和海拔逐渐减小，坡度有增大的趋势。坡度与第一轴具有最强正相关。海拔与第二轴呈较强负相关，与第一轴具有正相关，但相关关系较不密切。坡向与第一、二轴均具有强负相关。在海拔、坡向和坡度最小时，思茅松天然林其他树种林分直径结构拟合函数 b 参数(b_0)取得最大值。在坡向最大、海拔

和坡度最小的条件下，思茅松天然林其他树种林分直径结构拟合函数 c 参数(c_o)取得最大值。思茅松天然林总体林分直径结构拟合函数 c 参数(c_t)受坡度影响较大，思茅松天然林总体林分直径结构拟合函数 a 参数(a_t)与海拔有十分密切的关系，思茅松天然林思茅松林分直径结构拟合函数 b 参数(b_p)受坡向影响较大。

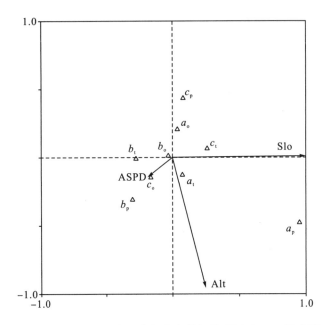

图 3.30　林分直径分布函数拟合参数与地形因子 CCA 排序图

3.2.2.3　土壤因子对思茅松林分直径结构变化的环境解释

1. 土壤因子对思茅松天然林林分直径结构分布的峰度与偏度变化的环境解释

从表 3.37 中可以看出，四个轴的特征值分别为 0.012、0.004、0.003 和 0.001。四个轴分别表示了土壤因子变量的 10.9%、14.6%、17.2% 和 17.8%。第一排序轴解释了思茅松天然林林分直径结构分布的峰度与偏度变化信息的 60.4%，前两轴累积解释其变化的 81.0%，前三轴累积解释其变化的 95.5%，可见排序的前三轴，尤其是第一轴较好的反映了样地林分直径结构分布的峰度与偏度随土壤因子的变化。

从表 3.38 可以看出，土壤 pH 与排序轴第一轴具有最大相关性，为 0.4412，全磷次之，除土壤 pH 外，其他土壤因子均与第一轴呈负相关。除有效磷外，其他土壤因子均于第二轴呈正相关。除全磷外，其他土壤因子均与第三轴呈正相关。土壤 pH、全钾、有效磷与第四轴具有正相关性，其他土壤因子与第四轴呈负相关性。所有的土壤因子与第二、三、四轴的相关性比较弱。因此，对样地林分直径结构分布的峰度与偏度有影响的土壤因子是土壤 pH 和全磷。

表 3.37   林分直径偏度峰度与土壤因子的 CCA 排序结果

指标	AX1	AX2	AX3	AX4	Total
EI	0.012	0.004	0.003	0.001	0.113
SPEC	0.550	0.440	0.255	0.389	
CPVSD	10.9	14.6	17.2	17.8	
CPVSER	60.4	81.0	95.5	98.4	

表 3.38   林分直径偏度峰度与土壤因子 CCA 排序各轴的相关性分析

指标	AX1	AX2	AX3	AX4
pH	0.4412	0.0941	0.0987	0.0768
OM	−0.1876	0.1155	0.0968	−0.1753
TN	−0.2786	0.1722	0.1167	−0.1414
TP	−0.4393	0.1044	−0.0766	−0.0692
TK	−0.0294	0.2588	0.0430	0.0177
HN	−0.1703	0.1929	0.0656	−0.1167
YP	−0.1620	−0.052	0.0626	0.2238
SK	−0.0793	0.1449	0.0979	−0.1883

　　根据前两轴绘制的二维排序图 3.31 可以看出，沿 CCA 第一轴从左至右，全磷、全氮、有效磷等土壤因子不断减小，土壤 pH 不断变大。沿着 CCA 第二轴从下往上，有效磷逐渐降低，全磷、全钾、土壤 pH 逐渐增加。有效磷与第一、二轴均具有负相关，土壤 pH 与第一轴具有较强正相关，全钾与第二轴具有最强正相关，全磷与第一轴呈较强负相关，

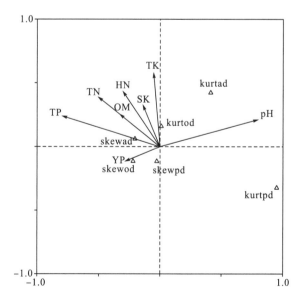

图 3.31   林分直径结构峰度偏度与土壤因子 CCA 排序图

全氮与土壤有机质含量与第一、二轴的相关性一致。思茅松天然林总体林分直径结构分布的偏度(skewad)与全磷具有十分密切的关系,思茅松天然林思茅松林分直径结构分布的偏度(skewpd)和思茅松天然林其他树种林分直径结构分布的偏度(skewod)受有效磷影响较大,思茅松天然林其他树种林分直径结构分布的峰度(kurtod)与全钾密切相关。

2. 土壤因子对思茅松天然林林分直径结构拟合函数参数变化的环境解释

从表3.39中可以看出,四个轴的特征值分别为0.011、0.008、0.003和0.003。四个轴分别表示了土壤因子变量的9.3%、15.8%、18.1%和20.3%。第一排序轴解释了思茅松天然林林分直径结构拟合函数参数变化信息的43%,前两轴累积解释其变化的73.1%,前三轴累积解释其变化的84.1%。可见排序的前三轴,尤其是第二轴较好的反映了样地林分直径结构拟合函数参数随土壤因子的变化。

表 3.39 林分直径分布函数拟合参数与土壤因子的 CCA 排序结果

指标	AX1	AX2	AX3	AX4	Total
EI	0.011	0.008	0.003	0.003	0.122
SPEC	0.655	0.576	0.417	0.406	
CPVSD	9.3	15.8	18.1	20.3	
CPVSER	43	73.1	84.1	94.2	

从表3.40可以看出,全磷与排序轴第一轴具有最大相关性,为-0.5765,全氮次之,除土壤pH外,其他土壤因子均与第一轴呈负相关。全氮、全钾、水解性氮和速效钾与第二轴呈正相关,其他土壤因子与第二轴呈负相关。土壤pH、全钾和有效磷与第三、四轴均呈正相关,其他土壤因子与第三、四轴呈负相关。所有的土壤因子与第二、三、四轴的相关性均比较弱。因此,对样地林分直径结构拟合函数参数有影响的土壤因子是全氮和全磷。

表 3.40 林分直径分布函数与土壤因子 CCA 排序各轴的相关性分析

指标	AX1	AX2	AX3	AX4
pH	0.247	-0.2639	0.1469	0.0634
OM	-0.2448	-0.0638	-0.1566	-0.0686
TN	-0.3658	0.1162	-0.0958	-0.1068
TP	-0.5765	-0.0603	-0.072	-0.0468
TK	-0.1734	0.2309	0.0235	0.0291
HN	-0.2638	0.0386	-0.2075	-0.1163
YP	-0.2473	-0.1913	0.1117	0.1575
SK	-0.2261	0.055	-0.0152	-0.1899

根据二维排序图3.32可以看出,沿CCA第一轴从左至右,全磷、全氮、有效磷等土壤因子不断减小,土壤pH不断变大。沿着CCA第二轴从下往上,全磷、有效磷、土壤

pH、土壤有机质含量逐渐降低，全氮、全钾等土壤因子有逐渐上升的趋势。思茅松天然林总体林分直径结构拟合函数 a 参数 (a_t) 和 b 参数 (b_t) 聚集在一起，说明两者具有相似的变化趋势，它们在相似的环境下取得最大值，即全磷、全氮最小、土壤 pH 中等的条件。思茅松天然林总体林分直径结构拟合函数 c 参数 (c_t) 和思茅松天然林思茅松林分直径结构拟合函数 c 参数 (c_p) 位置很近，说明两个参数的变化趋势相似，即速效钾、水解性氮最大，土壤 pH 最小时，两者取得最大值。思茅松天然林其他树种林分直径结构拟合函数 a 参数 (a_o)、c 参数 (c_o) 等参数并没有体现出类似的规律性。

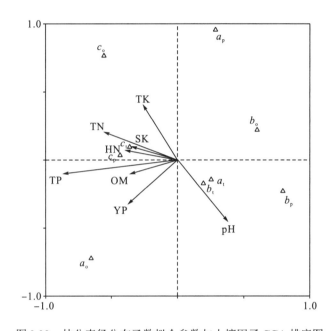

图 3.32 林分直径分布函数拟合参数与土壤因子 CCA 排序图

3.2.2.4 气候因子对思茅松林分直径结构变化的环境解释

1. 气候因子对思茅松天然林林分直径结构分布的峰度与偏度变化的环境解释

从表 3.41 可以看出，四个轴的特征值分别为 0.026、0.005、0.003 和 0.000。四个轴分别表示了 19 个气候因子变量的 22.6%、26.9%、29.5%和 29.6%。第一排序轴解释了思茅松天然林林分直径结构分布的峰度与偏度变化信息的 76.3%，前两轴累积解释其变化的 90.5%，前三轴累积解释其变化的 99.4%。可见排序的前三轴，尤其是第一轴较好地反映了样地林分直径结构分布的峰度与偏度随气候因子的变化。

从表 3.42 可以看出，bio3 与排序轴第二轴具有最大负相关，为-0.3359；bio14 与第二轴具有最大正相关，为 0.3306。气候因子 bio2、bio4 和 bio15 与第二轴的相关性也大于 0.3。bio1、bio5、bio7、bio9、bio11、bio12、bio17、bio18、和 bio19 几个气候因子与第二轴的相关性均大于 0.2。所有气候因子与第一、三、四轴的相关性相对比较弱。因此，对样地林分直径结构分布的峰度与偏度有影响的气候因子是 bio2、bio3、bio4、bio14 和 bio15。

表 3.41   林分直径偏度峰度与气候因子的 CCA 排序结果

指标	AX1	AX2	AX3	AX4	Total
EI	0.026	0.005	0.003	0.000	0.113
SPEC	0.640	0.531	0.315	0.265	
CPVSD	22.6	26.9	29.5	29.6	
CPVSER	76.3	90.5	99.4	99.8	

表 3.42   林分直径偏度峰度与气候因子 CCA 排序各轴的相关性分析

气候因子	AX1	AX2	AX3	AX4	气候因子	AX1	AX2	AX3	AX4
bio1	-0.1568	-0.2221	0.1626	-0.0369	bio11	-0.1771	-0.2717	0.1264	-0.0587
bio2	-0.2298	-0.3092	0.0765	-0.0576	bio12	-0.2345	-0.2911	0.0411	-0.0429
bio3	-0.2405	-0.3359	0.0018	-0.0895	bio13	0.0199	0.0953	0.147	0.1089
bio4	0.2125	0.3130	0.0695	0.1172	bio14	0.2006	0.3306	0.0056	0.1145
bio5	-0.1721	-0.2574	0.1398	-0.0484	bio15	0.1570	0.3280	-0.0133	0.0873
bio6	-0.0682	-0.146	0.1614	-0.0436	bio16	0.0256	0.1186	0.1018	0.1079
bio7	-0.2202	-0.2958	0.0983	-0.0434	bio17	0.2003	0.2899	0.1091	0.1173
bio8	-0.0984	-0.1235	0.2022	-0.0047	bio18	0.1109	0.2468	-0.0266	0.1079
bio9	-0.145	-0.2386	0.1520	-0.0517	bio19	0.1972	0.2888	0.1087	0.1180
bio10	-0.1108	-0.1407	0.1959	-0.0113					

根据前两轴绘制的二维排序图 3.33 可以看出，沿 CCA 第一轴从左至右，bio1、bio2、bio3、bio5 等气候因子逐渐减小，bio4、bio13、bio14、bio15 等气候因子有逐渐上升的趋势。沿着 CCA 第二轴从下往上，bio1、bio2、bio3、bio5 等气候因子不断降低，bio4、bio13、bio14、bio15 等气候因子不断升高。bio1、bio2、bio3、bio5 等气候因子与第一、二轴均具

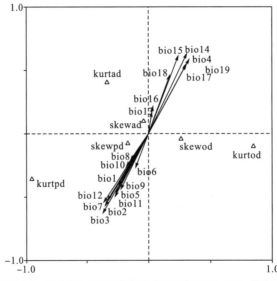

图 3.33   林分直径结构峰度偏度与气候因子 CCA 排序图

有负相关性，bio4、bio13、bio14、bio15 等气候因子与第一、二轴均具有正相关性。19 个气候因子均与第二轴的相关性较强，与第一轴的相关性不是十分密切。思茅松天然林思茅松林分直径结构分布的偏度(skewpd)在 bio1、bio2、bio3、bio5 等气候因子最小时达到最大。思茅松天然林总体林分直径结构分布的偏度(skewad)受 bio4、bio13、bio14、bio15 等气候因子影响较大，思茅松天然林其他树种林分直径结构分布的偏度(skewod)、峰度(kurtod)和思茅松天然林总体林分直径结构分布的峰度(kurtad)几乎没有受到气候因子的影响。

2. 气候因子对思茅松天然林林分直径结构拟合函数参数变化的环境解释

从表 3.43 可以看出，四个轴的特征值分别为 0.026、0.007、0.005 和 0.004。四个轴分别表示了 19 个气候因子变量的 21.0%、26.5%、31.0%和 34.0%。第一排序轴解释了思茅松天然林林分直径结构拟合函数参数变化信息的 59.1%，前两轴累积解释其变化的 74.5%，前三轴累积解释其变化的 87.1%，前四轴累积解释其变化的 95.6%。可见排序的前三轴，尤其是第二轴较好地反映了样地林分直径结构拟合函数参数随气候因子的变化。

从表 3.44 可以看出，bio17 与排序轴第二轴具有最大负相关，为-0.4864；bio3 与第二轴具有最大正相关，为 0.4242。气候因子 bio4、bio14 和 bio19 与第二轴的相关性也大于0.4。bio2、bio12、bio15 几个气候因子与第二轴的相关性，bio8 与第四轴的相关性和 bio16与第三轴的相关性均大于 0.3。所有气候因子与第一轴的相关性相对比较弱。因此，对样地林分直径结构拟合函数参数有影响的气候因子是 bio2、bio3、bio4、bio12、bio14、bio15、bio16、bio17 和 bio19。

表 3.43　林分直径分布函数拟合参数与气候因子的 CCA 排序结果

指标	AX1	AX2	AX3	AX4	Total
EI	0.026	0.007	0.005	0.004	0.122
SPEC	0.927	0.573	0.474	0.395	
CPVSD	21.0	26.5	31.0	34.0	
CPVSER	59.1	74.5	87.1	95.6	

表 3.44　林分直径分布函数与气候因子 CCA 排序各轴的相关性分析

气候因子	AX1	AX2	AX3	AX4	气候因子	AX1	AX2	AX3	AX4
bio1	-0.0523	0.1174	0.1042	0.2921	bio11	-0.0662	0.2005	0.1262	0.2562
bio2	-0.0545	0.3325	0.0707	0.2208	bio12	-0.0537	0.3541	-0.0312	0.1439
bio3	-0.0676	0.4242	0.1269	0.1156	bio13	0.0356	-0.2195	-0.2834	0.1561
bio4	0.0665	-0.4611	-0.1630	-0.0068	bio14	0.0604	-0.4272	-0.1640	-0.0714
bio5	-0.0597	0.1774	0.1056	0.2802	bio15	0.0360	-0.3368	-0.2030	-0.1069
bio6	-0.0553	-0.0105	0.1559	0.2577	bio16	0.0387	-0.1888	-0.3055	0.0818
bio7	-0.0520	0.2917	0.0466	0.2457	bio17	0.0523	-0.4864	-0.1763	0.0526
bio8	-0.0393	-0.0384	0.0701	0.3192	bio18	0.0175	-0.2346	-0.2437	-0.0274
bio9	-0.0714	0.1315	0.1181	0.2868	bio19	0.0494	-0.4855	-0.1806	0.0514
bio10	-0.0429	-0.0107	0.0793	0.3165					

根据二维排序图 3.34 可以看出，沿 CCA 第一轴从左至右，bio1、bio2、bio3、bio5、bio6、bio8 等气候因子不断减小，bio4、bio13、bio14、bio15 等气候因子有不断增大的趋势。沿着 CCA 第二轴从下往上，bio4、bio6、bio8、bio13、bio14、bio15 等气候因子逐渐降低，bio1、bio2、bio3、bio5、bio7 等气候因子逐渐增加。bio1、bio2、bio3、bio5、bio7 等气候因子与第二轴具有较强正相关性，与第一轴的负相关关系不是十分密切。bio6、bio8 和 bio10 与第一、二轴均呈较强负相关性。bio4、bio13、bio14、bio15 等气候因子与第二轴具有最强负相关性。思茅松天然林思茅松林分直径结构拟合函数 b 参数(b_p)、c 参数(c_p) 和思茅松天然林总体林分直径结构拟合函数 c 参数(c_t)聚集在一起，说明三个参数的变化趋势相似，它们在相似的条件下取得最大值，即 bio4、bio6、bio8、bio13、bio14 等气候因子偏小，bio1、bio2、bio3、bio5 较中等时，三个参数取得最大值。思茅松天然林思茅松林分直径结构拟合函数 a 参数(a_p)并没有体现出类似的规律性。思茅松天然林其他树种林分直径结构拟合函数 a 参数(a_o)、b 参数(b_o)和 c 参数(c_o)受气候因子 bio6、bio8 和 bio10 影响较大。

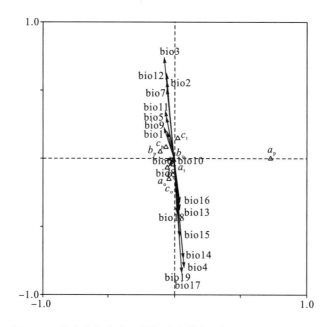

图 3.34　林分直径分布函数拟合参数与气候因子 CCA 排序图

3.3　讨　　论

偏度、峰度以及 Weibull 分布函数是林学研究者研究林分直径结构的常用方法。如许彦红等(2004)在西双版纳热带雨林林分直径结构研究中发现：热带雨林不划分林层时，林分直径分布为左偏；划分林层时，各层的林分直径分布均服从三参数的 Weibull 分布函数。欧光龙等(2013，2014)借助偏度、峰度以及 Weibull 分布函数分析云南省思茅区思茅松天然次生林林分结构的变化。周国强等(2017)选择正态分布、Weibull 分布、Gamma 等分布函数对大围山杉木人工林林分直径分布进行拟合研究。

偏度和峰度常被用来描述林分直径结构的分布特征(张文勇，2011)。本书采用偏度、峰度来描述思茅松天然成熟林总体、思茅松和其他树种林分直径结构的分布，从偏度和峰度上看出，思茅松天然林内其他树种的林分直径结构分布偏度和峰度的绝对值最大，说明林内的其他树种对思茅松天然林的林分直径结构影响较大。分别对思茅松天然林林分总体、思茅松和其他树种林分直径结构进行了研究，这也从全新的角度为更全面、更深入地管理经营思茅松天然林提供了理论上的精细指导。

Weibull 分布函数因其具有足够的灵活性、参数的生物学意义明显、参数已求解等优点，能成功用于模拟林分直径结构(孟宪宇，1988)，本书采用 Weibull 分布函数对思茅松天然林林分总体、思茅松和其他树种林分直径结构进行拟合，各研究位点总体、思茅松和其他树种的拟合方程决定系数(R^2)在 0.9973～0.9992，说明各研究位点总体、思茅松和其他树种林分直径分布均符合 Weibull 分布，同时也再次验证了 Weibull 分布函数在林分直径结构的研究中具有很强的实用性。

此外，本书借助 CCA 排序分析解释林分直径结构分布的偏度、峰度以及 Weibull 拟合函数参数与 36 个环境因子的关系，得出了林分总体、思茅松和其他树种林分直径结构分布的偏度、峰度以及 Weibull 拟合函数参数变化与气候因子密切相关，且思茅松天然林总体林分直径结构与思茅松的变化趋势较为一致。欧光龙等(2013，2014)有关思茅松天然林胸径与树高结构的研究中，在采用偏度、峰度和 Weibull 拟合函数描述思茅松天然林整体林分直径结构的基础上，用逐步回归分析的方法分析偏度、峰度和拟合函数参数与包含林分因子、地形因子以及土壤因子在内的 15 个环境因子之间的相关关系。而本书融入了气候因子，更为全面地考虑环境因素对林分直径结构分布的影响，并且考虑了思茅松天然林的树种组成差异，分别分析了林内总体、优势树种思茅松以及其他树种的林分直径结构变化，以及环境因子对其结构的影响，从而为科学合理经营思茅松天然林提供非常重要的参考。当然，环境因子之间会相互作用影响林分生长，从而影响林分直径结构变化，本研究仅分别分析四类环境因子对林分直径结构的影响，而未考虑环境因子间相互作用对林分直径结构的影响。另外，本书仅以 2cm 作为径阶分组依据，欠缺其他考虑。该研究存在的不足、欠缺之处有待在今后的研究中进一步完善。

3.4 小 结

本章引入偏度和峰度，以及 Weibull 拟合函数分析了 45 块思茅松天然成熟林样地总体、思茅松和其他树种林分直径结构的分布形态。同时基于相关性分析和生态学中的 CCA 排序方法分析林分、地形、土壤和气候因子对林内总体、思茅松和其他树种林分直径结构形态的影响。研究表明：

(1)采用偏度、峰度来描述思茅松天然成熟林总体、思茅松和其他树种林分直径结构的分布，偏度、峰度可以较好地体现林内总体、思茅松和其他树种的林分直径结构的分布。从偏度和峰度上来看，林内思茅松的林分直径结构分布的偏度、峰度的绝对值均为最小，其他树种的均为最大，这表明思茅松天然成熟林内思茅松的林分直径结构分布和标准正态分布状态较为一致，而林内其他树种的林分直径结构分布与标准正态分布相比呈现出较大差异。可见，思茅松天然成熟林内的其他树种会对整个思茅松天然林的林分直径结构产生较大影响。从 Weibull 分布函数拟合结果来看，三个研究位点总体、思茅松和其他树种的林分直径分布范围、林分直径结构分布偏度的差异均不显著；而三个研究位点的其他树种林分最小直径呈现出较显著的差异。

(2) 从林分直径结构变化的环境解释上来看，林分因子中的郁闭度、林分平均胸径，地形因子中的海拔、坡度，土壤因子中的土壤 pH、全磷、有效磷，气候因子中的 bio3、bio7、bio9、bio12、bio14、bio15、bio17 与思茅松天然林林分直径结构分布的偏度、峰度有较为密切的关系。林分因子中的郁闭度、林分平均胸径、林分平均高、林分优势高，地形因子中的海拔、坡度、坡向，土壤因子中的土壤 pH、全氮、水解性氮、全磷、全钾、速效钾，气候因子中的 bio3、bio4、bio13、bio14、bio19 与思茅松天然林林分直径结构 Weibull 拟合参数有较为密切的关系。

(3) CCA 排序分析结果较好地反映了林分直径结构随环境因子的变化规律。4 类环境因子中，气候因子最好地解释了思茅松天然林林分直径结构的变化，林分因子次之。从二维排序图上来看，林内总体、思茅松林分直径结构分布的峰度和偏度受到环境因子的影响较为显著，与其呈现出较强的规律性，而其他树种与环境因子的规律性不强。林内总体、思茅松和其他树种 Weibull 分布函数拟合参数的变化与气候因子密切相关。林分总体与思茅松的林分直径结构拟合函数 c 参数的位置相对较近，表明林分总体与思茅松的林分直径结构分布呈较为一致的变化趋势。

第4章 思茅松天然林林分树高结构变化及其环境解释

4.1 思茅松天然林林分树高结构变化分析

4.1.1 思茅松天然林林分树高结构的峰度和偏度变化

表4.1和图4.1列出了三个位点思茅松天然林树高结构分布的偏度、峰度统计情况。从表4.1和图4.1中可以看出，林内所有树种、思茅松和其他树种林分树高结构分布的峰度分别为-0.457、-0.396和1.036。其中，所有树种、思茅松林分树高结构分布的峰度为负值，这表明林内所有树种、思茅松林分树高结构较标准正态分布更平缓，而思茅松林分树高结构分布峰度的绝对值最小，表明该树种林分树高结构分布形态与标准正态分布的差异程度最小，其他树种的差异程度最大。从林内林分树高结构分布的偏度情况看，所有树种、思茅松和其他树种林分树高结构分布的偏度分别为0.933、-0.094和0.748。其中，思茅松林分树高结构分布的偏度为负值，且其绝对值最小，这说明林内思茅松林分树高结构分布形态与标准正态分布相比表现为左偏，且偏斜程度最小，而林内所有树种偏斜程度最大。

可见，思茅松天然成熟林内思茅松的林分树高结构分布呈现出和标准正态分布较为一致的形态，而林内所有树种林分树高结构分布受到其他树种的影响较大。此外，不同位点上思茅松天然成熟林林分树高结构在总体、思茅松和其他树种上也呈现一定的差异。

首先，从树高结构分布的峰度上看。墨江县、思茅区和澜沧县三个位点的思茅松天然成熟林所有树种林分树高结构分布的峰度均值分别为-0.643、-0.289和-0.439，均为负值，表明三个位点的所有树种林分树高结构分布比标准正态分布更平缓。其中，思茅区所有树种林分树高结构分布峰度的绝对值最小，表明该位点所有树种林分树高结构分布的形态与标准正态分布的差异程度最小。从林内思茅松林分树高结构分布的峰度来看，三个位点的峰度均值分别为-0.490、0.043和-0.742。其中，墨江县和澜沧县两个位点的思茅松林分树高结构分布的峰度均值为负值，表明这两个位点的思茅松林分树高结构分布较标准正态分布更平缓。而思茅区思茅松林分树高结构分布的峰度均值为正值，且其绝对值最小，表明该位点的思茅松林分树高结构较标准正态分布更尖峭，其分布形态与标准正态分布的差异程度也最小。从林内其他树种的树高结构分布的峰度来看，三个位点其他树种林分树高结构分布峰度均值分别为-0.096、2.491、和0.713。其中，墨江县其他树种林分树高结构分布的峰度为负值，且其绝对值最小，这表明该位点其他树种林分树高结构分布较标准正态分布更平缓，且其分布形态与标准正态分布的差异程度最小。

其次，从树高结构分布的偏度上看。墨江县、思茅区和澜沧县三个位点的所有树种林分树高结构分布的偏度均值分别为 0.085、2.247 和 0.468，均为正值，三个位点的所有树种林分树高结构分布形态与标准正态分布相比表现为右偏。其中，墨江县所有树种林分树高结构分布偏度均值的绝对值最小，表明该位点的所有树种林分树高结构分布形态的偏斜程度最小。三个位点的思茅松林分树高结构分布的偏度均值分别为-0.128、0.082 和-0.236。其中，墨江县、澜沧县的为负值，表明这两个位点的思茅松林分树高结构分布形态与标准正态分布相比表现为左偏。而思茅区思茅松林分树高结构分布偏度的绝对值最小，表明该位点的思茅松林分树高结构分布形态的偏斜程度最小。三个位点其他树种林分树高结构分布的偏度均值分别为-0.003、1.542 和 0.704。其中，墨江县的为负值，且其绝对值最小，这表明该位点其他树种林分树高结构分布形态与标准正态分布相比表现为左偏，且其偏斜程度最小。

从三个位点思茅松天然林林分树高结构分布的偏度与峰度方差分析表(表 4.2)以及偏度与峰度的比较图(图 4.1)可以看出，墨江县、思茅区和澜沧县三个位点的林分内思茅松的林分树高结构分布峰度和三个位点的其他树种林分树高结构分布峰度、偏度的 F 检验显著性均小于 0.05，差异显著。而三个位点的林分内所有树种的林分直径结构分布偏度、峰度和三个位点的思茅松林分直径结构分布偏度的 F 检验显著性均大于 0.05，差异不显著。

表 4.1　三个位点思茅松天然林树高结构偏度与峰度统计表

位点	指标	所有树种		思茅松		其他树种	
		偏度	峰度	偏度	峰度	偏度	峰度
墨江县	均值	0.085	-0.643	-0.128	-0.490	-0.003	-0.096
	标准误	0.094	0.092	0.067	0.166	0.170	0.271
思茅区	均值	2.247	-0.289	0.082	0.043	1.542	2.491
	标准误	1.704	0.292	0.217	0.330	0.136	0.531
澜沧县	均值	0.468	-0.439	-0.236	-0.742	0.704	0.713
	标准误	0.168	0.187	0.106	0.108	0.155	0.436
总体	均值	0.933	-0.457	-0.094	-0.396	0.748	1.036
	标准误	0.576	0.119	0.084	0.135	0.129	0.290

表 4.2　三个位点思茅松天然林树高结构偏度与峰度方差分析表

类别	指标	平方和	df	均方差	F	显著性
所有树种	偏度	39.930	2	19.965	1.359	0.268
	峰度	0.944	2	0.472	0.733	0.487
思茅松	偏度	0.781	2	0.391	1.239	0.300
	峰度	4.809	2	2.405	3.256	0.048
其他树种	偏度	17.945	2	8.972	25.164	0.000
	峰度	52.524	2	26.262	9.630	0.000

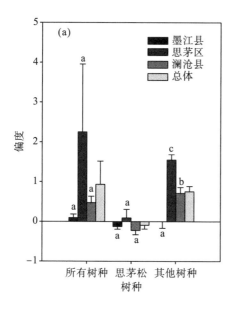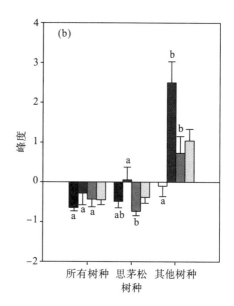

图 4.1　三个位点思茅松天然林树高结构偏度与峰度比较

4.1.2　思茅松天然林林分树高结构的分布拟合

4.1.2.1　思茅松天然林总体林分树高结构的分布拟合

基于幂函数，对三个位点的思茅松天然林总体林分树高结构进行拟合，从表 4.3 可以看出，三个位点拟合方程的决定系数 (R^2) 均在 0.98 以上，分别达到了 0.9850、0.9853 和 0.9884。a 值分布区间为 2.8266～6.1894，b 值为 1.0403～1.4257，均方差 (MSE) 为 72.6985～96.7387。其中澜沧县的拟合效果最好，决定系数 (R^2=0.9884) 最大，均方差 (MSE=72.6985) 最小。总体而言，其 R^2 为 0.9862，MSE 为 86.4816。从拟合参数的单因素方差分析表 4.4 可以看出，a 和 b 两个参数的 F 检验显著性均大于 0.05，可见 a、b 两个参数对三个位点的思茅松天然林总体的林分树高结构幂函数拟合的影响不显著。

表 4.3　三个位点思茅松天然林总体树高结构幂函数拟合参数分析表

位点	指标	a	b	MSE	R^2
墨江	均值	2.8266	1.4257	96.7387	0.9850
	均值的标准误	0.5750	0.0812	28.8434	0.0019
思茅	均值	6.1894	1.0403	90.0076	0.9853
	均值的标准误	1.0647	0.0935	29.3606	0.0024
澜沧	均值	4.9744	1.2657	72.6985	0.9884
	均值的标准误	1.2559	0.1557	17.2288	0.0015
总计	均值	4.6635	1.2439	86.4816	0.9862
	均值的标准误	0.6054	0.0691	14.6109	0.0011

表 4.4　三个位点思茅松天然林总体树高结构幂函数拟合参数的单因素方差分析表

参数	指标	平方和	df	均方差	F	显著性
a	组间	86.9912	2.0000	43.4956	2.8601	0.0685
b	组间	1.1251	2.0000	0.5626	2.8414	0.0696

4.1.2.2　思茅松天然林思茅松林分树高结构的分布拟合

基于幂函数，对三个位点的思茅松天然林思茅松林分树高结构进行拟合，从表 4.5 可以看出，三个位点拟合方程的决定系数（R^2）均在 0.97 以上，分别达到了 0.9817、0.9793 和 0.9880。a 值分布区间为 0.1163～1.1925，b 值为 1.8637～2.5177，均方差（MSE）为 11.6607～50.6048。其中澜沧县的拟合效果最好，决定系数（R^2=0.9880）最大，均方差（MSE=11.6607）最小。总体而言，其决定系数 R^2 为 0.9830，MSE 为 35.6980。从拟合参数的单因素方差分析表 4.6 可以看出，b 参数的 F 检验显著性大于 0.05，可见 b 参数对三个位点思茅松天然林思茅松林分树高结构幂函数拟合的影响不显著。a 参数的 F 检验显著性小于 0.05，可见 a 参数对三个位点思茅松天然林思茅松林分树高结构幂函数拟合有显著影响。

表 4.5　三个位点思茅松天然林思茅松树高结构幂函数拟合参数分析表

位点	指标	a	b	MSE	R^2
墨江	均值	0.6625	1.8637	44.8284	0.9817
	标准误	0.1213	0.1367	8.9568	0.0022
思茅	均值	1.1925	2.0212	50.6048	0.9793
	标准误	0.4974	0.2417	23.4045	0.0027
澜沧	均值	0.1163	2.5177	11.6607	0.9880
	标准误	0.0572	0.1916	2.9475	0.0020
总计	均值	0.6571	2.1342	35.6980	0.9830
	标准误	0.1804	0.1176	8.6150	0.0014

表 4.6　三个位点思茅松天然林思茅松树高结构幂函数拟合参数单因素方差分析表

参数	指标	平方和	df	均方差	F	显著性
a	组间	8.6872	2.0000	4.3436	3.2730	0.0478
b	组间	3.4949	2.0000	1.7474	3.0704	0.0569

4.1.2.3　思茅松天然林其他树种林分树高结构的分布拟合

基于幂函数，对三个位点的思茅松天然林其他树种林分树高结构进行拟合，从表 4.7 可以看出，三个位点拟合方程的决定系数（R^2）均在 0.97 以上，分别达到了 0.9827、0.9791 和 0.9756。a 值分布区间为 0.9044～4.0318，b 值为 0.9324～1.8814，均方差（MSE）为 18.7204～48.7635。其中，墨江县的拟合效果最好，决定系数（R^2=0.9827）最大，均方差

（MSE=18.7204）最小。总体而言，其决定系数 R^2 为 0.9791，MSE 为 32.8302。从拟合参数的单因素方差分析表 4.8 可以看出，a 和 b 两个参数的 F 检验显著性小于 0.05，可见 a、b 两个参数对三个位点思茅松天然林其他树种林分树高结构幂函数拟合有显著影响。

表 4.7　三个位点思茅松天然林其他树种树高结构幂函数拟合参数分析表

位点	指标	a	b	MSE	R^2
墨江	均值	0.9044	1.8814	18.7204	0.9827
	均值的标准误	0.3056	0.1764	6.9200	0.0029
思茅	均值	4.0318	0.9324	31.0067	0.9791
	均值的标准误	0.6116	0.0866	7.5767	0.0029
澜沧	均值	2.2286	1.3957	48.7635	0.9756
	均值的标准误	0.4703	0.1270	9.0932	0.0030
总计	均值	2.3883	1.4032	32.8302	0.9791
	均值的标准误	0.3322	0.0960	4.8367	0.0017

表 4.8　三个位点思茅松天然林其他树种树高结构幂函数拟合参数单因素方差分析表

参数	指标	平方和	df	均方差	F	显著性
a	组间	73.9278	2.0000	36.9639	10.7355	0.0002
b	组间	6.7555	2.0000	3.3777	12.3437	0.0001

4.2　思茅松天然林林分树高结构变化的环境解释

4.2.1　思茅松天然林林分树高结构变化与环境因子相关性分析

4.2.1.1　思茅松天然林树高结构的峰度和偏度变化与环境因子的相关性分析

1. 林分因子对思茅松天然林林分树高结构峰度和偏度变化的影响

1）林分因子对思茅松天然林林分树高结构峰度变化的影响

思茅松天然林内总体、思茅松和其他树种的林分树高结构分布的峰度与林分因子相关关系的分析结果见表 4.9。其中，林内总体林分树高结构分布的峰度与郁闭度存在显著正相关关系，相关系数为 0.354。同时，总体林分树高结构分布的峰度与林分平均胸径、林分密度指数呈负相关，而与林分平均高等呈正相关，且与林分密度指数具有最强负相关（−0.294）；思茅松林分树高结构分布的峰度与郁闭度呈正相关，而与林分平均胸径等其他林分因子呈负相关，且与林分平均高具有最强相关性（−0.236）；其他树种林分树高结构分布的峰度与郁闭度、林分平均胸径呈负相关，而与林分平均高等呈正相关，且与郁闭度具有最强相关性（−0.104）。可见，思茅松天然林林分树高结构分布的峰度与郁闭度、林分平均胸径、林分密度指数具有十分密切的相关性。

表 4.9 林分因子与林分树高结构峰度的相关关系表

指标	总体	思茅松	其他树种
YBD	0.354*	0.155	-0.104
D_m	-0.283	-0.057	-0.043
H_m	0.071	-0.236	0.084
H_t	0.240	-0.168	0.099
SDI	-0.294	-0.151	0.003
SI	0.067	-0.150	0.016

　　从思茅松天然林内总体、思茅松和其他树种林分树高结构分布的峰度随林分因子变化的曲线图 4.2 来看，各指数的曲线拟合效果显著性各有不同，从它们的曲线拟合效果 R^2 来看，虽然 R^2 均比较小，但是它们的相关性检验均显著。思茅松天然林内总体林分树高结构分布的峰度随郁闭度、林分平均胸径、林分平均高、林分优势高的增加呈现先减小后增大的趋势；随林分密度指数的增加而减小；随地位指数的增加呈先增大后减小的趋势，且在 18 处达到峰值 [图 4.2(f)]。林内思茅松林分树高结构分布的峰度随郁闭度的增加而增大；随林分平均胸径的增加呈先减小后增大的趋势；随林分平均高、林分优势高、林分密度指数、地位指数的增加而减小。林内其他树种林分树高结构分布的峰度随郁闭度、林分平均胸径、林分平均高、林分优势高、林分密度指数、地位指数的增加呈先增大后减小的趋势，且分别在 0.8、15cm、18m、22m、115、17 处达到峰值 [图 4.2(a)～(f)]。可见，林分平均高、林分优势高对思茅松天然林林分树高结构分布峰度的影响是一致的，而其他林分因子对其的影响并没有体现出类似的规律性。

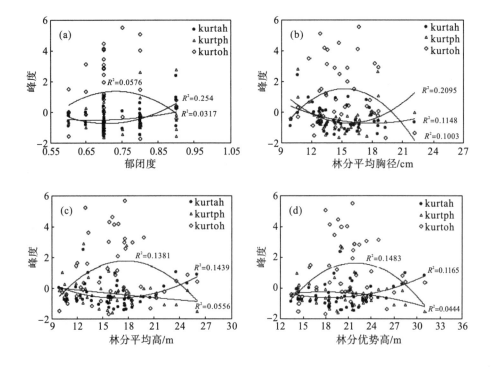

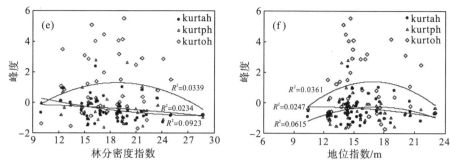

图 4.2　林分树高结构峰度变化与林分因子相关性分析

2) 林分因子对思茅松天然林林分树高结构偏度变化的影响

思茅松天然林内总体、思茅松和其他树种的林分树高结构分布的偏度与林分因子相关关系的分析结果见表 4.10。其中，林内总体林分树高结构分布的偏度与郁闭度、林分优势高存在极显著正相关关系，相关系数分别为 0.483、0.474；与林分平均高存在显著正相关关系，相关系数为 0.360。思茅松林分树高结构分布的偏度与林分平均胸径存在极显著负相关关系，相关系数为-0.421。其他树种林分树高结构与林分优势高存在显著正相关关系，相关系数为0.322。同时，总体林分树高结构分布的偏度与林分平均胸径、林分密度指数呈负相关，且与林分平均胸径具有最强负相关(-0.2770)；思茅松林分树高结构分布的偏度与郁闭度等呈正相关，与林分平均高、林分密度指数呈负相关，且与郁闭度具有最强正相关(0.129)。其他树种与郁闭度、林分平均胸径等呈正相关，而与林分密度指数呈负相关。可见，思茅松天然林林分树高结构分布的偏度与郁闭度、林分平均胸径、林分平均高、林分优势高相关性十分密切。

表 4.10　林分因子与林分树高结构偏度的相关关系表

指标	总体	思茅松	其他树种
YBD	0.483**	0.129	0.152
D_m	-0.2770	-0.421**	0.049
H_m	0.360*	-0.163	0.285
H_t	0.474**	0.039	0.322*
SDI	-0.079	-0.241	-0.135
SI	0.143	0.002	0.165

从思茅松天然林内总体、思茅松和其他树种林分树高结构分布的偏度随林分因子变化的曲线图 4.3 来看，各指数的曲线拟合效果显著性各有不同，从它们的曲线拟合效果 R^2 来看，虽然 R^2 均比较小，但是它们的相关性检验均显著。思茅松天然林内总体林分树高结构分布的偏度随郁闭度、林分平均高、林分优势高的增加而增大；随林分平均胸径、林分密度指数的增加而减小，且随林分密度指数减小的趋势较不明显；随地位指数的增加呈先增大后减小的趋势，且在 18m 处达到峰值 [图 4.3(f)]。林内思茅松林分树高结构分布的偏度随郁闭度的增加而增大；随林分平均胸径、林分平均高、林分密度指数的增加而减小；随林分优势高、地位指数的增加基本上保持不变。林内其他树种林分树高

结构分布的偏度随郁闭度、林分平均胸径、林分平均高、林分优势高、林分密度指数、地位指数的增加呈先增大后减小的趋势，且分别在 0.8、15cm、18m、22m、95、17m 处达到峰值［图 4.3(a)～(f)］。可见，郁闭度、林分平均高、林分优势高分别对林内总体、其他树种林分树高结构分布偏度的影响是一致的，而各林分因子对思茅松天然林林分树高结构偏度变化的影响并没有体现出一定的规律性。

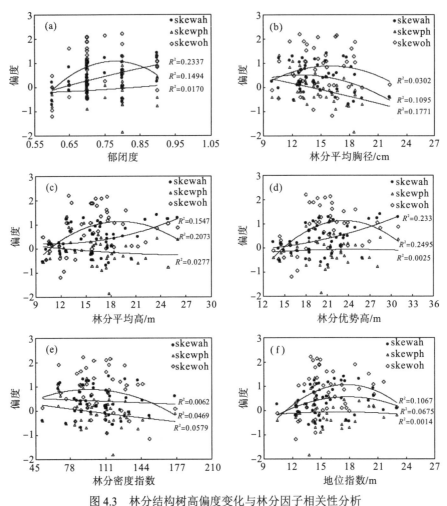

图 4.3　林分结构树高偏度变化与林分因子相关性分析

2. 地形因子对思茅松天然林林分树高结构峰度和偏度变化的影响

1)地形因子对思茅松天然林林分树高结构峰度变化的影响

思茅松天然林内总体、思茅松和其他树种的林分树高结构分布峰度与地形因子相关关系的分析结果见表 4.11。其中，总体林分树高结构分布的峰度与坡度存在显著负相关关系，相关系数为-0.346；其他树种林分树高结构分布的峰度与海拔存在极显著负相关关系，相关系数为-0.501。同时，总体林分树高结构分布的峰度与海拔呈负相关，而与坡向呈正相关；思茅松林分树高结构分布的峰度与海拔、坡度呈负相关，而与坡向呈正相关，且与坡度具有最强相关性(−0.237)；其他树种林分树高结构分布的峰度与坡度、坡向呈正相关。可见，思茅松天然林林分树高结构分布的峰度与海拔、坡度的相关性十分密切。

表 4.11　地形因子与林分树高结构峰度的相关关系表

指标	总体	思茅松	其他树种
Alt	−0.169	−0.042	−0.501**
Slo	−0.346*	−0.237	0.024
ASPD	0.102	0.075	0.049

注：*为 0.05 水平上的相关性，**为 0.01 水平上的相关性。

　　从思茅松天然林内总体、思茅松和其他树种林分树高结构分布的峰度随地形因子变化的曲线图 4.4 来看，各指数的曲线拟合效果显著性各有不同，从它们的曲线拟合效果 R^2 来看，虽然 R^2 均比较小，但是它们的相关性检验均显著。思茅松天然林内总体林分树高结构分布的峰度随海拔的增加而减小；随坡度、坡向的增加呈先减小后增大的趋势。林内思茅松林分树高结构分布的峰度随海拔的增加基本上保持不变；随坡度的增加而减小；随坡向的增加呈先减小后增大的趋势。林内其他树种林分树高结构分布的峰度随海拔的增加而减小；随坡度的增加呈先增大后减小的趋势，且在 20° 处达到峰值 [图 4.4(b)]；而随坡向的增加而增大。可见，林内总体、思茅松林分树高结构分布的峰度随坡向的变化趋势是一致的，而各地形因子对思茅松天然林林分树高结构分布峰度的影响并没有体现出一定的规律性。

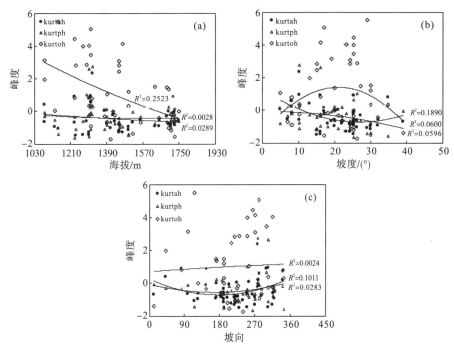

图 4.4　林分树高结构峰度变化与地形因子相关性分析

注：kurtah：思茅松天然林总体林分树高结构分布的峰度；kurtph：思茅松天然林思茅松林分树高结构分布的峰度；
kurtoh：思茅松天然林其他树种林分树高结构分布的峰度。(a)：海拔(Alt)；(b)：坡度(SLO)；(c)：坡向(ASPD)。

2) 地形因子对思茅松天然林林分树高结构偏度变化的影响

思茅松天然林内总体、思茅松和其他树种的林分树高结构分布偏度与地形因子相关关系的分析结果见表 4.12。其中，总体林分树高结构分布的偏度与海拔存在极显著负相关关系，相关系数为-0.451；与坡度存在显著负相关关系，相关系数为-0.340。其他树种林分树高结构分布的偏度与海拔存在极显著负相关关系，相关系数为-0.722。同时，总体林分树高结构分布的偏度与坡向呈正相关；思茅松林分树高结构分布的偏度与海拔、坡度、坡向均呈负相关，且与海拔具有最强相关性(-0.149)；其他树种林分树高结构分布的偏度与坡度呈负相关，而与坡向呈正相关。可见，思茅松天然林林分树高结构分布的偏度与海拔、坡度具有十分密切的关系。

表 4.12　地形因子与林分树高结构偏度的相关关系表

指标	总体	思茅松	其他树种
Alt	-0.451**	-0.149	-0.722**
Slo	-0.340*	-0.147	-0.151
ASPD	0.099	-0.073	0.179

从思茅松天然林内总体、思茅松和其他树种林分树高结构分布的偏度随地形因子变化的曲线图 4.5 来看，各指数的曲线拟合效果显著性各有不同，从它们的曲线的拟合效果 R^2 来看，虽然 R^2 均比较小，但是它们的相关性检验均显著。思茅松天然林内总体林分树高结构分布的偏度随海拔的增加而减小；而随坡度、坡向的增加呈先减小后增大的趋势。林内思茅松林分树高结构分布的偏度随海拔、坡度的增加呈先减小后增大的趋势，且随海拔的变化趋势较不明显；而随坡向的增加而减小。林内其他树种林分树高结构分布的偏度随海拔的增加而减小；随坡度的增加呈先增大后减小的趋势，且在 15°处达到峰值［图 4.5(b)］；而随坡向的增加呈先减小后增大的趋势。可见，海拔、坡向分别对总体、其他树种林分树高结构分布偏度的影响是一致的，而各地形因子对思茅松天然林林分树高结构偏度变化的影响并没有体现出一定的规律性。

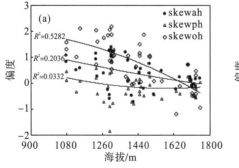 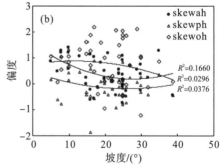

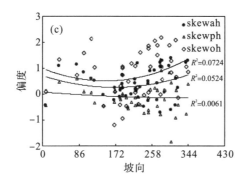

图 4.5　林分树高结构偏度变化与地形因子相关性分析

3. 土壤因子对思茅松天然林林分树高结构峰度和偏度变化的影响

1）土壤因子对思茅松天然林林分树高结构峰度变化的影响

思茅松天然林内总体、思茅松和其他树种的林分树高结构分布的峰度与土壤因子相关关系的分析结果见表 4.13。其中，总体林分树高结构分布的峰度与全氮存在显著负相关关系，相关系数为 -0.305；思茅松林分树高结构分布的峰度与全磷、有效磷存在显著负相关关系，相关系数分别为 -0.324、-0.301；其他树种林分树高结构分布的峰度与土壤 pH 存在极显著正相关关系，与全磷存在极显著负相关关系，相关系数分别为 0.433、-0.458。同时，总体林分树高结构分布的峰度与土壤 pH 呈正相关，与土壤有机质含量等呈负相关；思茅松林分树高结构分布的峰度与土壤 pH 呈正相关，与土壤有机质含量等呈负相关；其他树种林分树高结构分布的峰度与土壤有机质含量等呈负相关，与全钾等呈正相关，且与除土壤 pH、全磷外的其他土壤因子的相关系数均在 0.13 以下。可见，思茅松天然林林分树高结构分布的峰度与土壤 pH、全氮、全磷、有效磷密切相关。

表 4.13　土壤因子与林分树高结构峰度的相关关系表

指标	总体	思茅松	其他树种
pH	0.119	0.246	0.433**
OM	-0.182	-0.109	-0.043
TN	-0.305*	-0.123	-0.034
TP	-0.062	-0.324*	-0.458**
TK	-0.028	-0.138	0.127
HN	-0.187	-0.049	0.039
YP	-0.294	-0.301*	0.056
SK	-0.164	-0.185	0.049

从思茅松天然林内总体、思茅松和其他树种林分树高结构分布的峰度随土壤因子变化的曲线图 4.6 来看，各指数的曲线拟合效果显著性各有不同，从它们的曲线的拟合效果 R^2 来看，虽然 R^2 均比较小，但是它们的相关性检验均显著。思茅松天然林内总体林分树高

结构分布的峰度随土壤 pH 的增加而增大；随土壤有机质含量的增加而减小；随全氮、全磷、水解性氮、速效钾的增加呈先减小后增大的趋势；随全钾的增加基本上保持不变；随有效磷的增加而减小。林内思茅松林分树高结构分布的峰度随土壤 pH 的增加而增大；随土壤有机质含量的增加而减小；随全氮、全磷、水解性氮、有效磷、速效钾的增加呈先减小后增大的趋势；而随全钾的增加基本上保持不变。林内其他树种林分树高结构分布的峰度随土壤 pH、全钾、有效磷的增加呈先减小后增大的趋势；而随土壤有机质含量、速效钾的增加呈先增大后减小的趋势，且分别在 30g/kg、120mg/kg 处达到峰值［图 4.6(b)、(h)］；随全氮、全磷的增加而减小；随水解性氮的增加而增大。可见，林内总体、思茅松林分树高结构分布的峰度随土壤 pH、有机质含量、全氮、全磷、全钾、水解性氮、速效钾的变化趋势基本一致，而各土壤因子对思茅松天然林林分树高结构分布峰度的变化并没有体现出一定的规律性。

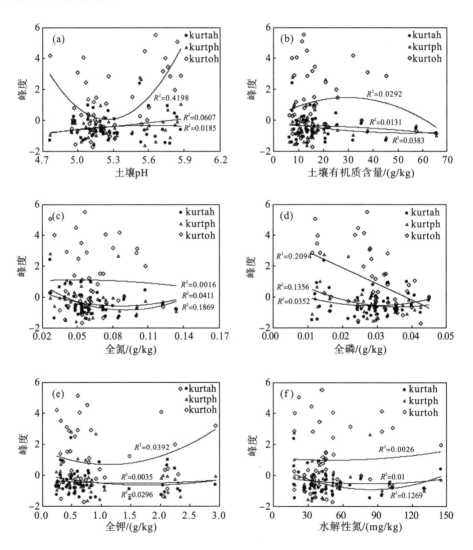

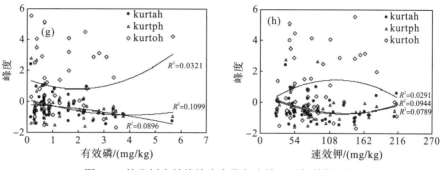

图 4.6　林分树高结构峰度变化与土壤因子相关性分析

2）土壤因子对思茅松天然林林分树高结构偏度变化的影响

思茅松天然林内总体、思茅松和其他树种的林分树高结构分布的偏度与土壤因子相关关系的分析结果见表 4.14。其中，总体林分树高结构分布的偏度与土壤 pH 存在显著正相关关系，相关系数为 0.306；思茅松林分树高结构分布的偏度与全氮存在显著负相关关系，相关系数为-0.353；其他树种林分树高结构分布的偏度与土壤 pH 存在极显著正相关关系，与全磷存在极显著的负相关关系，相关系数分别为 0.426、-0.554。同时，总体林分树高结构分布的偏度与土壤有机质含量等存在负相关，与全钾、速效钾呈正相关，且与有效磷具有最强负相关（-0.158）；思茅松林分树高结构分布的偏度与土壤 pH、全钾呈正相关，与土壤有机质含量等呈负相关，且与土壤 pH 具有最强正相关（0.263）；其他树种林分树高结构分布的偏度与土壤有机质含量等呈负相关，而与全钾呈正相关。可见，思茅松天然林林分树高结构分布的偏度与土壤 pH、全氮、全磷具有十分密切的关系。

表 4.14　土壤因子与林分树高结构偏度的相关关系表

指标	总体	思茅松	其他树种
pH	0.306*	0.263	0.426**
OM	-0.059	-0.202	-0.106
TN	-0.154	-0.353*	-0.095
TP	-0.142	-0.262	-0.554**
TK	0.205	0.109	0.290
HN	-0.084	-0.242	0.037
YP	-0.158	-0.202	-0.090
SK	0.089	-0.035	0.164

从思茅松天然林内总体、思茅松和其他树种林分树高结构分布的偏度随土壤因子变化的曲线图 4.7 来看，各指数的曲线拟合效果显著性各有不同，从它们的曲线拟合效果 R^2 来看，虽然 R^2 均比较小，但是它们的相关性检验均显著。思茅松天然林内总体林分树高结构分布的偏度随土壤 pH、全钾、有效磷的增加而增大；随土壤有机质含量、全氮、水解性氮、速效钾的增加呈先减小后增大的趋势；随全磷的增加而减小。林内思茅松林分树高结构分布的偏度随土壤 pH、全钾的增加而增大；随土壤有机质含量、全氮、水解性氮、速效钾的增加呈先减

小后增大的趋势；随全磷、有效磷的增加而减小。林内其他树种林分树高结构分布的偏度随土壤 pH、全氮、水解性氮、有效磷的增加呈先减小后增大的趋势；随土壤有机质含量、全磷的增加而减小；随全钾、速效钾的增加而增大。可见，全氮、水解性氮分别对思茅松天然林林分树高结构分布偏度的影响基本是一致；土壤 pH、土壤有机质含量、全氮、全钾、水解性氮、速效钾分别对林内总体、思茅松林分树高结构分布偏度的影响基本一致。

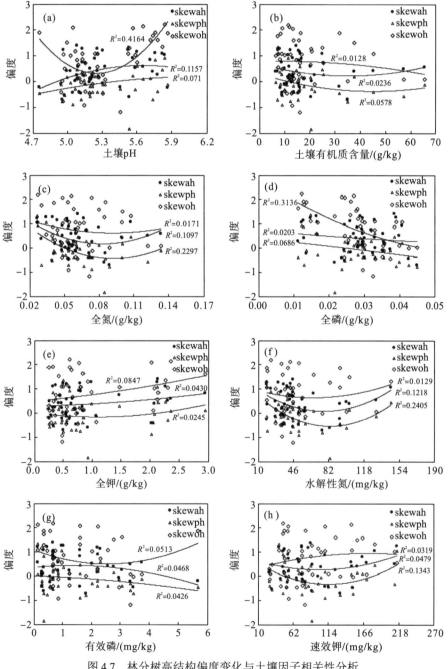

图 4.7　林分树高结构偏度变化与土壤因子相关性分析

4. 气候因子对思茅松天然林林分树高结构峰度和偏度变化的影响

1)气候因子对思茅松天然林林分树高结构峰度变化的影响

思茅松天然林内总体、思茅松和其他树种的林分树高结构分布的峰度与气候因子相关关系的分析结果见表 4.15。整体来看,与各气候因子的相关性均不显著。其中,总体林分树高结构分布的峰度除与 bio3 呈负相关外,与其他气候因子均呈正相关,且与 bio13 具有最强相关性(0.1272);思茅松林分树高结构分布的峰度与 bio1、bio2、bio3、bio5 等气候因子呈正相关,与 bio4、bio6、bio8 等气候因子呈负相关,且与 bio12 具有最强正相关(0.2597),与 bio17 具有最强负相关(-0.2600);其他树种林分树高结构分布的峰度与 bio1、bio2、bio3、bio5 等呈负相关,与 bio4、bio13、bio14 等呈正相关,且与 bio2 具有最强负相关(-0.2286),与 bio18 具有最强正相关(0.1998)。可见,思茅松天然林林分树高结构分布的峰度与 bio2、bio12、bio13、bio17、bio18 具有较密切的关系。

表 4.15 气候因子与林分树高结构峰度的相关关系表

指标	总体	思茅松	其他树种	指标	总体	思茅松	其他树种
bio1	0.0450	0.0234	-0.1986	bio11	0.0205	0.0712	-0.2113
bio2	0.0249	0.1850	-0.2286	bio12	0.0233	0.2597	-0.1966
bio3	-0.0257	0.2378	-0.2205	bio13	0.1272	-0.0303	0.0100
bio4	0.0760	-0.2571	0.1795	bio14	0.0770	-0.2021	0.1650
bio5	0.0368	0.0604	-0.2101	bio15	0.0604	-0.1089	0.1947
bio6	0.0215	-0.0856	-0.1417	bio16	0.1115	0.0072	0.0451
bio7	0.0418	0.1622	-0.2244	bio17	0.0918	-0.2600	0.1441
bio8	0.0761	-0.0676	-0.1571	bio18	0.1265	-0.1049	0.1998
bio9	0.0346	0.0220	-0.1959	bio19	0.0935	-0.2554	0.1429
bio10	0.0714	0.0516	0.1661				

从思茅松天然林总体林分树高结构分布的峰度、思茅松林分树高结构分布的峰度和其他树种林分树高结构分布的峰度随温度因子变化的曲线图 4.8 来看,各指数的曲线拟合效果显著性各有不同,从它们的曲线的拟合效果 R^2 来看,虽然 R^2 均比较小,但是它们的相关性检验均显著。思茅松天然林总体林分树高结构分布的峰度随 bio1、bio5、bio10 的增加而增大;随 bio3、bio4 的增加呈先增大后减小的趋势,且在 51、35 处达到峰值[图 4.8(b)、(c)];随 bio7 的增加呈先减小后增大的趋势,且变化趋势较缓慢。林内思茅松林分树高结构分布的峰度随 bio1、bio5、bio10 的增加呈先增大后减小的趋势,且在 19℃、28℃、22.5℃处达到峰值 [图 4.8(a)、(d)、(f)];随 bio3、bio7 的增加呈先减小后增大的趋势;而随 bio4 的增加而减小。林内其他树种林分树高结构分布的峰度随 bio1、bio5 的增加而减小;而随 bio3、bio4、bio7、bio10 的增加呈先减小后增大的趋势。可见,温度因子 bio1、bio5 对思茅松天然林林分树高结构分布的影响基本一致;bio3、bio10 对其的影响是一致的;而其他温度因子对其影响并没有体现出类似的规律性。

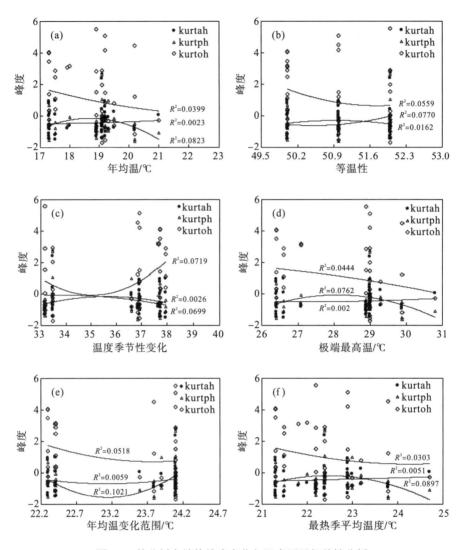

图 4.8   林分树高结构峰度变化与温度因子相关性分析

　　从思茅松天然林总体林分树高结构分布的峰度、思茅松林分树高结构分布的峰度和其他树种林分树高结构分布的峰度随降水因子变化的曲线图 4.9 来看，各指数的曲线拟合效果显著性各有不同，从它们的曲线拟合效果 R^2 来看，虽然 R^2 均比较小，但是它们的相关性检验均显著。思茅松天然林总体林分树高结构分布的峰度随 bio12 的增加基本上保持不变；随 bio13、bio16、bio17、bio18、bio19 的增加呈先减小后增大的趋势；随 bio14、bio15 的增加呈先增大后减小的趋势，且分别在 14mm、85 处达到峰值 [图 4.9(i)、(j)]。林内思茅松林分树高结构分布的峰度随 bio12 的增加而增大；随 bio13 的增加而减小；随 bio14、bio17、bio19 的增加呈先减小后增大的趋势；随 bio15、bio16、bio18 的增加呈先增大后减小的趋势，且在 85、820mm、750mm 处达到峰值 [图 4.9(j)、(k)、(m)]。林内其他树种林分树高结构分布的峰度随 bio12 的增加而减小；随 bio13、bio16、bio17、bio18、bio19 的增加呈先增大后减小的趋势，且在 309mm、820mm、48mm、790mm、55mm 处达到峰值［图 4.9(h)、(k)、(l)、(m)、(n)］；随 bio14 的增加而增大；随 bio15 的增加呈先减小后增大的趋势。可见，降水因子 bio13、bio16 对思茅松天然林林分树高结构分布峰度影响基本一致，bio17、bio19 对其的影响是一致的，而其他降水因子对其的影响并没有体现出类似的规律性。

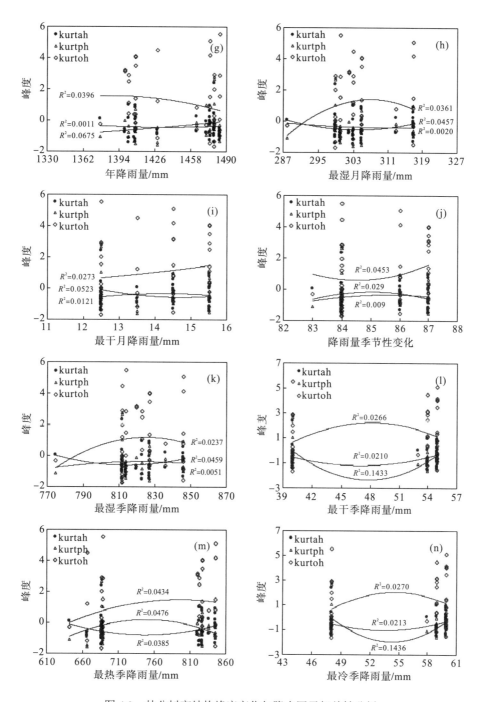

图 4.9　林分树高结构峰度变化与降水因子相关性分析

2)气候因子对思茅松天然林林分树高结构偏度变化的影响

思茅松天然林内总体、思茅松和其他树种的林分树高结构分布的偏度与气候因子分析结果见表 4.16。整体来看，与各气候因子的相关性均不显著。其中，总体林分树高结构分布的偏度与 bio1、bio4、bio6 等呈现出正相关，与 bio2、bio3、bio5 等呈现出负相关，且与 bio17 具有最强正相关(0.2810)，与 bio12 具有最强负相关(-0.2489)；思茅松林分树高结构分布的偏度与 bio1、bio2、bio3、bio5 等呈现出负相关，与 bio4、bio8、bio13 等呈现出正相关，且与 bio19 具有最强相关性(0.2131)；其他树种林分树高结构分布的偏度与 bio1、bio2、bio3、bio5 等呈现出负相关，与 bio4、bio13、bio14 等呈现出正相关，且与 bio1、bio2、bio3 等的相关系数均超过 0.21。可见，思茅松天然林林分树高结构分布的偏度与 bio3、bio4、bio12、bio19 具有较为密切的关系。

表 4.16　气候因子与林分树高结构偏度的相关关系表

指标	总体	思茅松	其他树种	指标	总体	思茅松	其他树种
bio1	0.0029	−0.0573	−0.2118	bio11	−0.0584	−0.0937	−0.2387
bio2	−0.1718	−0.1098	−0.2571	bio12	−0.2489	−0.0855	−0.2373
bio3	−0.2399	−0.1723	−0.2596	bio13	0.0641	0.1906	0.0156
bio4	0.2762	0.2074	0.2298	bio14	0.2212	0.1722	0.2133
bio5	−0.0420	−0.0759	−0.2322	bio15	0.1542	0.1680	0.2332
bio6	0.1016	−0.0461	−0.1547	bio16	0.0251	0.1892	0.0511
bio7	−0.1453	−0.0850	−0.2494	bio17	0.2810	0.2130	0.1803
bio8	0.1076	0.0042	−0.1554	bio18	0.1678	0.2071	0.2609
bio9	−0.0065	−0.0661	−0.2225	bio19	0.2778	0.2131	0.1785
bio10	0.0908	−0.0081	−0.1666				

从思茅松天然林总体林分树高结构分布的偏度、思茅松林分树高结构分布的偏度和其他树种林分树高结构分布的偏度随温度因子变化的曲线图 4.10 来看，各指数的曲线拟合效果显著性各有不同，从它们的曲线的拟合效果 R^2 来看，虽然 R^2 均比较小，但是它们的相关性检验均显著。思茅松天然林总体林分树高结构分布的偏度随 bio1、bio5、bio10 的增加呈先减小后增大的趋势；随 bio3、bio7 的增加呈先增大后减小的趋势，且在 50.5、27℃ 处达到峰值［图 4.10(b)、(e)］；随 bio4 的增加而增大。林内思茅松林分树高结构分布的偏度随 bio1、bio7、bio10 的增加基本上保持不变；随 bio3 的增加呈先增大后减小的趋势，且在 50.5 处达到峰值［图 4.10(b)］；随 bio4 的增加而增大；而随 bio5 的增加而减小。林内其他树种林分树高结构分布的偏度随 bio1、bio3、bio4、bio10 的增加呈先减小后增大的趋势；随 bio5、bio7 的增加而减小。可见，温度因子 bio1、bio5、bio7 对思茅松天然林林分树高结构分布偏度的影响基本一致，而其他温度因子对其的影响并没有体现出类似的规律性。

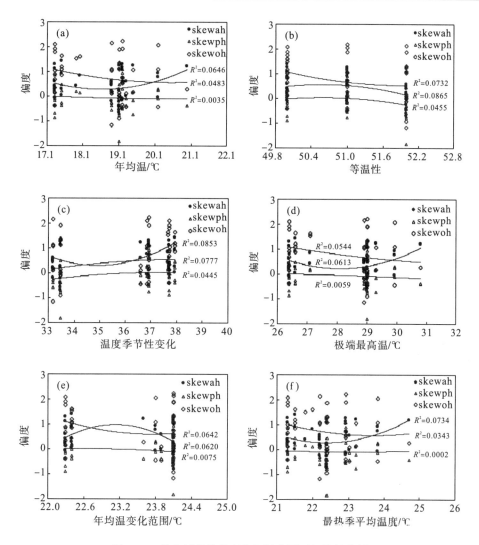

图 4.10　林分树高偏度变化与温度因子相关性分析

从思茅松天然林总体林分树高结构分布的偏度、思茅松林分树高结构分布的偏度和其他树种林分树高结构分布的偏度随降水因子变化的曲线图 4.11 来看，各指数的曲线拟合效果显著性各有不同，从它们的曲线的拟合效果 R^2 来看，虽然 R^2 均比较小，但是它们的相关性检验均显著。思茅松天然林总体林分树高结构分布的偏度随 bio12、bio16 的增加而减小；随 bio13、bio15、bio18 的增加呈先减小后增大的趋势；随 bio14、bio17、bio19 的增加呈先增大后减小的趋势，且分别在 13mm、48mm、53mm 处达到峰值 [图 4.11（c）、（f）、（h）]。林内思茅松林分树高结构分布的偏度随 bio12、bio14 的增加呈先增大后减小的趋势，且分别在 1440mm、14mm 处达到峰值 [图 4.11（a）、（c）]；随 bio13、bio15、bio16、bio17、bio19 的增加而增大；而随 bio18 的增加呈先减小后增大的趋势。林内其他树种林分树高结构分布的偏度随 bio12、bio13、bi16、bio17、bio19 增加呈先增大后减小的趋势，且在 1410mm、306mm、820mm、48mm、53mm 处达到峰值 [图 4.11（a）、（b）、（e）、（f）、 （h）］；随 bio14、bio18 的增加而增大；随 bio15 的增加呈先减小后增大的趋势。可见，降水因子 bio13、bio16 对思茅松天然林林分树高结构分布偏度的影响基本一致；bio17、bio19 对其的影响是一致的，而其他降水因子对其的影响并没有体现出类似的规律性。

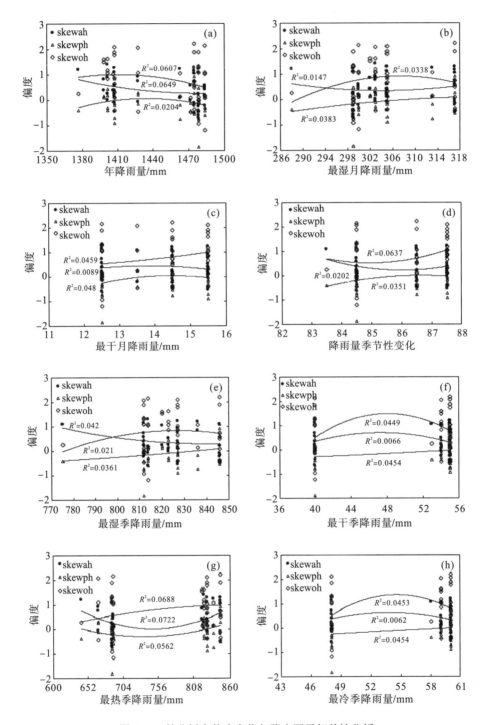

图 4.11　林分树高偏度变化与降水因子相关性分析

4.2.1.2　思茅松天然林树高结构幂函数拟合参数与环境因子的相关性分析

1. 林分因子对思茅松天然林林分树高结构幂函数拟合参数的影响

1）林分因子对思茅松天然林林分树高结构幂函数拟合参数 a 的影响

思茅松天然林总体、思茅松和其他树种林分树高结构幂函数拟合参数 a 与林分因子分析结果见表 4.17。整体来看，与各林分因子的相关性较显著。其中，总体林分树高结构幂函数拟合参数 a 与郁闭度、林分优势高存在极显著正相关关系，相关系数分别为 0.552、0.399；与林分平均胸径存在显著负相关关系，相关系数为-0.315。思茅松林分树高结构幂函数拟合参数 a 与林分平均胸径存在极显著负相关关系，相关系数为-0.471；与林分平均高存在显著负相关关系，相关系数为-0.375。其他树种林分树高结构幂函数拟合参数 a 与林分优势高存在显著正相关关系，相关系数为 0.294。同时，林内总体、思茅松和其他树种林分树高结构幂函数拟合参数 a 与郁闭度、林分平均高等林分因子的相关系数均超过 0.22。可见，思茅松天然林林分树高结构幂函数拟合参数 a 与郁闭度、林分平均胸径、林分平均高、林分优势高具有十分密切的关系。

表 4.17　林分因子与林分树高结构幂函数拟合参数 a 相关关系表

指标	总体	思茅松	其他树种
YBD	0.552**	0.244	0.255
D_m	-0.315*	-0.471**	-0.013
H_m	0.286	-0.375*	0.265
H_t	0.399**	-0.232	0.294*
SDI	-0.113	-0.252	-0.117
SI	0.047	-0.223	0.062

从思茅松天然林总体林分树高结构幂函数拟合参数 a、思茅松林分树高结构幂函数拟合参数 a 和其他树种林分树高结构幂函数拟合参数 a 随林分因子变化的曲线图 4.12 来看，各指数的曲线拟合效果显著性各有不同，从它们的曲线拟合效果 R^2 来看，虽然 R^2 均比较小，但是它们的相关性检验均显著。思茅松天然林内总体林分树高结构幂函数拟合参数 a 随郁闭度的增加而增大；随林分平均胸径、林分密度指数的增加而减小；随林分平均高、林分优势高的增加呈先减小后增大的趋势；随地位指数的增加呈先增大后减小的趋势，且在 17 处达到最大值［图 4.12（f）］。林内思茅松林分树高结构幂函数拟合参数 a 随郁闭度的增加而增大；随林分平均胸径的增加呈先减小后增大的趋势；随林分平均高、林分优势高、林分密度指数、地位指数的增加而减小。林内其他树种林分树高结构幂函数拟合参数 a 随郁闭度、林分平均胸径、林分平均高、林分优势高、地位指数的增加呈先增大后减小的趋势，且在 0.8、15cm、20m、25m、18 处达到峰值［图 4.12（a）、（b）、（c）、（d）、（f）］；而随林分密度指数的增加而减小。可见，林分平均高、林分优势高对思茅松天然林林分树

高结构幂函数拟合参数 a 的影响基本一致,而其他林分因子对其的影响并没有体现类似的规律性。

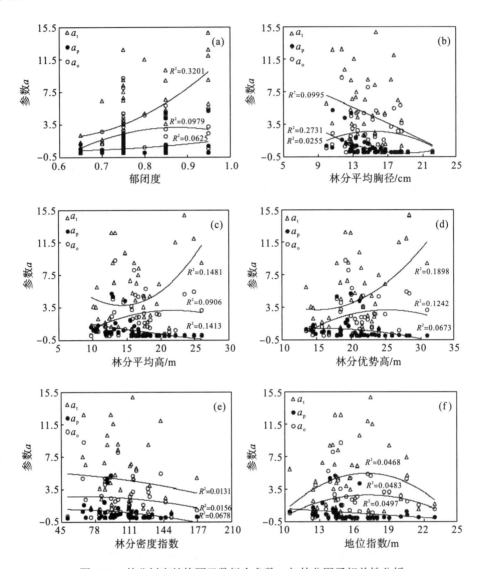

图 4.12　林分树高结构幂函数拟合参数 a 与林分因子相关性分析

2) 林分因子对思茅松天然林林分树高结构幂函数拟合参数 b 的影响

思茅松天然林总体、思茅松和其他树种林分树高结构幂函数拟合参数 b 与林分因子相关关系的分析结果见表 4.18。整体来看,与各林分因子的相关性较为显著。其中,林内总体林分树高结构幂函数拟合参数 b 与郁闭度、林分优势高存在极显著负相关关系,相关系数分别为-0.383、-0.389;与林分平均胸径存在显著正相关关系,相关系数为 0.323。思茅松林分树高结构幂函数拟合参数 b 与林分平均胸径、林分平均高存在极显著正相关关系,相关系数分别为 0.586、0.534;与林分优势高存在显著正相关关系,相关系数为 0.359。其他树种林分树高结构幂函数拟合参数 b 与林分优势高存在极显著负相关关系，相关系数为 -0.384；与林分平均高存在显著负相关关系，相关系数为 -0.349。同时，总体、思茅松和其他树种林分树高结构幂函数拟合参数 b 与林分平均高、林分优势高、林分平均胸径的相关系数均超过 0.22。可见，思茅松天然林林分树高结构幂函数拟合参数 b 与林分平均胸径、林分平均高、林分优势高具有十分密切的关系。

表 4.18　林分因子与林分树高结构幂函数拟合参数 b 的相关关系表

指标	总体	思茅松	其他树种
YBD	-0.383**	0.186	-0.276
D_m	0.323*	0.586**	-0.118
H_m	-0.282	0.534**	-0.349*
H_t	-0.389**	0.359*	-0.384**
SDI	0.016	0.164	0.136
SI	-0.070	0.222	-0.251

从思茅松天然林总体林分树高结构幂函数拟合参数 b、思茅松林分树高结构幂函数拟合参数 b 和其他树种林分树高结构幂函数拟合参数 b 随林分因子变化的曲线图 4.13 来看，各指数的曲线拟合效果显著性各有不同，从它们的曲线的拟合效果 R^2 来看，虽然 R^2 均比较小，但是它们的相关性检验均显著。思茅松天然林内总体林分树高结构幂函数拟合参数 b 随郁闭度、林分平均高、林分优势高的增加而减小；随林分平均胸径、地位指数的增加呈先减小后增大的趋势；而随林分密度指数的增加而增大。林内思茅松林分树高结构幂函数拟合参数 b 随郁闭度、林分平均胸径、林分平均高、林分优势高、林分密度指数的增加而增大；而随地位指数的增加呈先增大后减小的趋势，且在 18 处达到峰值 [图 4.13（f）]。林内其他树种林分树高结构幂函数拟合参数 b 随郁闭度、林分平均胸径、林分平均高、林分优势高、地位指数的增加呈先减小后增大的趋势；而随林分密度指数的增加而增大。可见，郁闭度、林分平均高、林分优势高对思茅松天然林林分树高结构幂函数拟合参数 b 的影响基本一致，而其他林分因子对其的影响并没有体现类似的规律性。

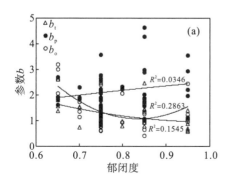
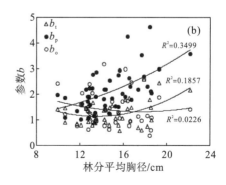

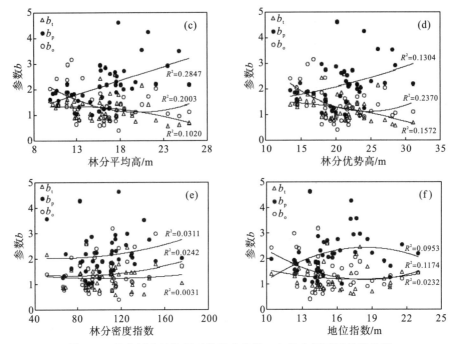

图4.13　林分树高结构幂函数拟合参数 b 与林分因子相关性分析

2. 地形因子对思茅松天然林林分树高结构幂函数拟合参数的影响

1)地形因子对思茅松天然林林分树高结构幂函数拟合参数 a 的影响

思茅松天然林总体、思茅松和其他树种林分树高结构幂函数拟合参数 a 与地形因子相关关系的分析结果见表4.19。整体来看，与各地形因子的相关性较为显著。其中，林内总体林分树高结构幂函数拟合参数 a 与海拔存在极显著负相关关系，相关系数为-0.429；与坡度存在显著负相关关系，相关系数为-0.306。其他树种林分树高结构幂函数拟合参数 a 与海拔存在极显著负相关关系，相关系数为-0.582；与坡向存在显著正相关关系，相关系数为0.295。同时，思茅松林分树高结构幂函数拟合参数 a 与坡度具有最强相关性(-0.233)。可见，思茅松天然林林分树高结构幂函数拟合参数 a 与海拔、坡度和坡向密切相关。

表 4.19　地形因子与林分树高结构幂函数拟合参数 a 的相关关系表

指标	总体	思茅松	其他树种
Alt	-0.429**	-0.038	-0.582**
Slo	-0.306*	-0.233	-0.147
ASPD	0.234	0.19	0.295*

从思茅松天然林总体林分树高结构幂函数拟合参数 a、思茅松林分树高结构幂函数拟合参数 a 和其他树种林分树高结构幂函数拟合参数 a 随地形因子变化的曲线图4.14来看，各指数的曲线拟合效果显著性各有不同，从它们的曲线拟合效果 R^2 来看，虽然 R^2 均比较小，但是它们的相关性检验均显著。思茅松天然林内总体林分树高结构幂函数拟合参数 a

随海拔的增加而减小；随坡度、坡向的增加呈先减小后增大的趋势。林内思茅松林分树高结构幂函数拟合参数 a 随海拔、坡向的增加而增大，而随海拔增大的趋势较不明显；随坡度的增加而减小。林内其他树种林分树高结构幂函数拟合参数 a 随海拔、坡度的增加而减小；而随坡向的增加呈先减小后增大的趋势。可见，海拔、坡向分别对林内总体、其他树种林分树高结构幂函数拟合参数 a 的影响趋势基本一致，各地形因子对思茅松天然林林分树高结构幂函数拟合参数 a 的影响并没有体现出一定的规律性。

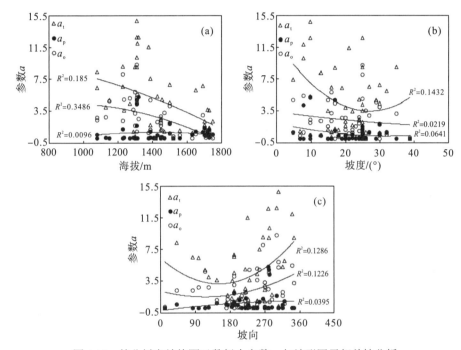

图 4.14　林分树高结构幂函数拟合参数 a 与地形因子相关性分析

2) 地形因子对思茅松天然林林分树高结构幂函数拟合参数 b 的影响

思茅松天然林总体、思茅松和其他树种林分树高结构幂函数拟合参数 b 与地形因子相关关系的分析结果见表 4.20。其中，林内总体林分树高结构幂函数拟合参数 b 与海拔存在极显著正相关关系，相关系数为 0.430；与坡度存在显著正相关关系，相关系数为 0.329。其他树种林分树高结构幂函数拟合参数 b 与海拔存在极显著正相关关系，相关系数为 0.629。同时，思茅松林分树高结构幂函数拟合参数 b 与海拔具有最强相关性(-0.101)。可见，思茅松天然林林分树高结构幂函数拟合参数 b 与海拔、坡度密切相关。

表 4.20　地形因子与林分树高结构幂函数拟合参数 b 的相关关系表

指标	总体	思茅松	其他树种
Alt	0.430**	-0.101	0.629**
Slo	0.329*	-0.044	0.179
ASPD	-0.068	0.069	-0.181

从思茅松天然林总体林分树高结构幂函数拟合参数 b、思茅松林分树高结构幂函数拟合参数 b 和其他树种林分树高结构幂函数拟合参数 b 随地形因子变化的曲线图 4.15 来看，各指数的曲线拟合效果显著性各有不同，从它们的曲线的拟合效果 R^2 来看，虽然 R^2 均比较小，但是它们的相关性检验均显著。思茅松天然林内总体林分树高结构幂函数拟合参数 b 随海拔、坡度的增加而增大；而随坡向的增加基本上保持不变。林内思茅松林分树高结构幂函数拟合参数 b 随海拔的增加呈先增大后减小的趋势，且在 1400m 处达到峰值［图 4.15(a)］；而随坡度、坡向的增加呈先减小后增大的趋势；林内其他树种林分树高结构幂函数拟合参数 b 随海拔、坡度的增加而增大；而随坡向的增加呈先增大后减小的趋势。可见，林内总体、其他树种林分树高结构幂函数拟合参数 b 随坡度的变化趋势一致，而各地形因子对思茅松天然林林分树高结构幂函数拟合参数 b 的影响并没有体现出一定的规律性。

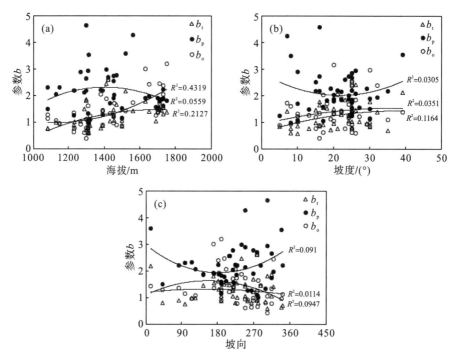

图 4.15　林分树高结构幂函数拟合参数 b 与地形因子相关性分析

3. 土壤因子对思茅松天然林林分树高结构幂函数拟合参数的影响

1) 土壤因子对思茅松天然林林分树高结构幂函数拟合参数 a 的影响

思茅松天然林总体、思茅松和其他树种林分树高结构幂函数拟合参数 a 与土壤因子相关关系的分析结果见表 4.21。其中，思茅松林分树高结构幂函数拟合参数 a 与全氮、全磷存在极显著负相关关系，相关系数分别为 -0.427、-0.422；与水解性氮存在显著负相关关系，相关系数为 -0.340。其他树种林分树高结构幂函数拟合参数 a 与土壤 pH 存在极显著正相关关系，相关系数为 0.453；与全磷存在极显著负相关关系，相关系数为 -0.419。同时，总体林分树高结构幂函数拟合参数 a 与土壤 pH、全钾呈正相关，而与土壤有机质含量等呈负相关，且与土壤 pH 具有最强正相关(0.271)，与全氮具有最强负相关(-0.246)；思茅松林分树高结构幂函数拟合参数 a 与土壤 pH 具有最强正相关(0.229)。可见，思茅松天然林林分树高结构幂函数拟合参数 a 与土壤 pH、全氮、全磷有较密切的关系。

表 4.21 土壤因子与林分树高结构幂函数拟合参数 a 的相关关系表

指标	总体	思茅松	其他树种
pH	0.271	0.229	0.453**
OM	-0.191	-0.269	-0.158
TN	-0.246	-0.427**	-0.147
TP	-0.174	-0.422**	-0.419**
TK	0.194	-0.018	0.124
HN	-0.182	-0.340*	-0.100
YP	-0.035	-0.171	-0.079
SK	-0.022	-0.127	-0.042

从思茅松天然林总体林分树高结构幂函数拟合参数 a、思茅松林分树高结构幂函数拟合参数 a 和其他树种林分树高结构幂函数拟合参数 a 随土壤因子变化的曲线图 4.16 来看，各指数的曲线拟合效果显著性各有不同，从它们的曲线的拟合效果 R^2 来看，虽然 R^2 均比较小，但是它们的相关性检验均显著。思茅松天然林内总体林分树高结构幂函数拟合参数 a 随土壤 pH、全钾的增加而增大；随土壤有机质含量、全氮、全磷、水解性氮、速效钾的增加呈先减小后增大的趋势；随有效磷的增加而减小。林内思茅松林分树高结构幂函数拟合参数 a 随土壤 pH 的增加而增大；随土壤有机质含量、全氮、全磷、水解性氮、有效磷、速效钾的增加呈先减小后增大的趋势；随全钾的增加呈先增大后减小的趋势，且在 1.4g/kg 处达到峰值［图 4.16(e)］，其变化趋势较不明显。林内其他树种林分树高结构幂函数拟合参数 a 随土壤 pH、全磷、有效磷的增加呈先减小后增大的趋势；随土壤有机质含量、全氮、水解性氮的增加而减小；随全钾、速效钾的增加呈先增大后减小的趋势，且在 1.7g/kg、110mg/kg 处达到峰值［图 4.16(e)、(h)］。可见，土壤有机质含量、全氮、速效钾分别对思茅松天然林林分树高结构幂函数拟合参数 a 的影响基本一致，而其他土壤因子对其的影响并没有体现出一定的规律性。

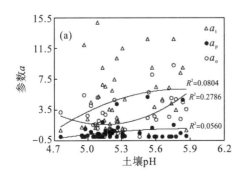
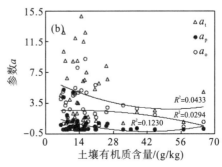

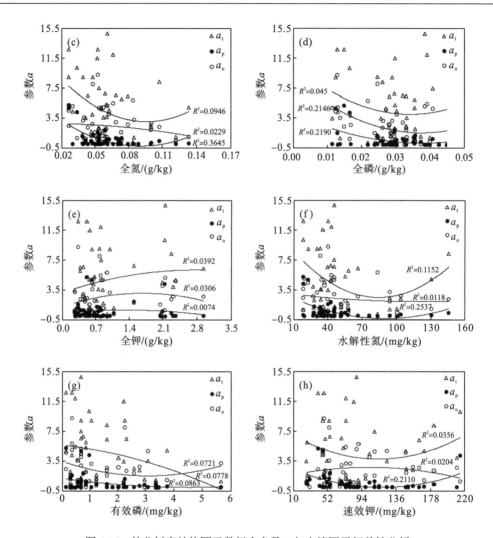

图 4.16　林分树高结构幂函数拟合参数 a 与土壤因子相关性分析

2) 土壤因子对思茅松天然林林分树高结构幂函数拟合参数 b 的影响

思茅松天然林总体、思茅松和其他树种林分树高结构幂函数拟合参数 b 与土壤因子相关关系的分析结果见表 4.22。整体来看，与各土壤因子的相关性较显著。其中，总体林分树高结构幂函数拟合参数 b 与土壤 pH 存在显著负相关关系，相关系数为-0.378。思茅松林分树高结构幂函数拟合参数 b 与全氮存在极显著正相关关系，相关系数为 0.412；与土壤有机质含量、水解性氮存在显著正相关关系，相关系数分别为 0.331、0.303。其他树种林分树高结构幂函数拟合参数 b 与全磷存在极显著正相关关系，相关系数为 0.447；与土壤 pH、全钾存在显著负相关关系，相关系数分别为-0.340、-0.306。同时，总体林分树高结构幂函数拟合参数 b 与全磷具有最强正相关性 (0.292)。可见，思茅松天然林林分树高结构幂函数拟合参数 b 与土壤 pH、全氮、全磷有较为密切的关系。

表 4.22　土壤因子与林分树高结构幂函数拟合参数 b 相关关系表

指标	总体	思茅松	其他树种
pH	−0.378*	−0.179	−0.340*
OM	0.143	0.331*	0.121
TN	0.184	0.412**	0.077
TP	0.292	0.265	0.447**
TK	−0.247	0.008	−0.306*
HN	0.117	0.303*	0.002
YP	−0.035	0.065	0.052
SK	−0.039	0.118	-0.131

从思茅松天然林总体林分树高结构幂函数拟合参数 b、思茅松林分树高结构幂函数拟合参数 b 和其他树种林分树高结构幂函数拟合参数 b 随土壤因子变化的曲线图 4.17 来看，各指数的曲线拟合效果显著性各有不同，从它们的曲线的拟合效果 R^2 来看，虽然 R^2 均比较小，但是它们的相关性检验均显著。思茅松天然林内总体林分树高结构幂函数拟合参数 b 随土壤 pH、全钾的增加而减小；随土壤有机质含量、全氮、水解性氮、速效钾的增加呈先增大后减小的趋势，且在 35g/kg、0.09g/kg、80mg/kg、110mg/kg 处达到峰值 [图 4.17(b)、(c)、(f)、(h)]；随全磷、有效磷的增加而增大。林内思茅松林分树高结构幂函数拟合参数 b 随土壤 pH 的增加而减小；随土壤有机质含量、全氮、全磷、全钾的增加而增大；随水解性氮、速效钾的增加呈先增大后减小的趋势，且在 90mg/kg、110mg/kg 处达到峰值 [图 4.17(f)、(h)]；而随有效磷的增加呈先减小后增大的趋势。林内其他树种林分树高结构幂函数拟合参数 b 随土壤 pH、水解性氮、有效磷的增加呈先增大后减小的趋势，且在 5.3、80mg/kg、2.6mg/kg 处达到峰值 [图 4.17(a)、(f)、(g)]；随土壤有机质含量、全氮、全磷的增加而增大；随全钾、速效钾的增加呈先减小后增大的趋势。可见，土壤有机质含量、全氮对思茅松天然林林分树高结构幂函数拟合参数 b 的影响基本一致，而其他土壤因子对其的影响并没有体现出一定的规律性。

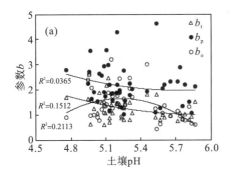
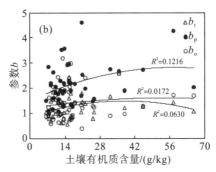

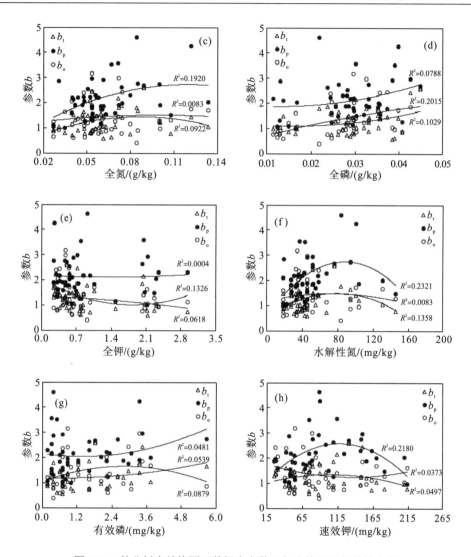

图 4.17　林分树高结构幂函数拟合参数 b 与土壤因子相关性分析

4. 气候因子对思茅松天然林林分树高结构幂函数拟合参数的影响

1)气候因子对思茅松天然林林分树高结构幂函数拟合参数 a 的影响

思茅松天然林总体、思茅松和其他树种林分树高结构幂函数拟合参数 a 与气候因子分析结果见表 4.23。整体来看，与各气候因子的相关性不显著。其中，总体林分树高结构幂函数拟合参数 a 与 bio1、bio4、bio6 等呈正相关，与 bio2、bio3、bio5 等呈负相关，且与 bio4、bio17 具有最强正相关(0.274)，与 bio12 具有最强负相关(-0.252)；思茅松林分树高结构幂函数拟合参数 a 除与 bio4、bio14、bio15 呈负相关外，与其他气候因子均呈正相关，且仅与 bio7、bio13 的相关系数达到 0.2 以上；其他树种林分树高结构幂函数拟合参数 a 与 bio3 存在显著负相关关系，相关系数为-0.295；与 bio1、bio2、bio4 等 14 个气候因子的相关系数绝对值均超过 0.21。可见，思茅松天然林林分树高结构幂函数拟合参数 a 与 bio3、 bio7、bio12、bio17 有较密切的关系。

表 4.23　气候因子与林分树高结构幂函数拟合参数 a 相关关系表

指标	总体	思茅松	其他树种	指标	总体	思茅松	其他树种
bio1	0.041	0.171	−0.224	bio11	−0.027	0.154	−0.261
bio2	−0.152	0.175	−0.289	bio12	−0.252	0.182	−0.276
bio3	−0.222	0.092	−0.295*	bio13	0.044	0.22	0.023
bio4	0.274	−0.002	0.271	bio14	0.217	−0.044	0.271
bio5	−0.012	0.173	−0.253	bio15	0.125	−0.058	0.252
bio6	0.138	0.097	−0.16	bio16	−0.004	0.183	0.055
bio7	−0.126	0.200	−0.279	bio17	0.274	0.045	0.221
bio8	0.148	0.177	−0.155	bio18	0.135	0.052	0.223
bio9	0.020	0.163	−0.243	bio19	0.271	0.047	0.219
bio10	0.132	0.175	−0.169				

　　从思茅松天然林总体林分树高结构幂函数拟合参数 a、思茅松林分树高结构幂函数拟合参数 a 和其他树种林分树高结构幂函数拟合参数 a 随温度因子变化曲线图 4.18 来看，各指数的曲线拟合效果显著性各有不同，从它们的曲线的拟合效果 R^2 来看，虽然 R^2 均比较小，但是它们的相关性检验均显著。思茅松天然林总体林分树高结构幂函数拟合参数 a 随 bio1、bio5 的增加呈先减小后增大的趋势；随 bio3、bio4、bio7 的增加呈先增大后减小的趋势，且在 5.1、37、23.2℃处达到峰值［图 4.18(b)、(c)、(e)］。林内思茅松林分树高结构幂函数拟合参数 a 随 bio1、bio3、bio4、bio5 的增加呈先增大后减小的趋势，且分别在 19℃、5.1、35、29℃处达到峰值［图 4.18(a)～(d)］；而随 bio7 的增加而增大。林内其他树种林分树高结构幂函数拟合参数 a 随 bio1、bio4、bio5 的增加呈先减小后增大的趋势；而随 bio3、bio7 的增加而减小。可见，温度因子 bio1、bio5 对思茅松天然林林分树高结构幂函数拟合参数 a 的影响基本一致，而其他温度因子对其影响并没有体现出类似的规律性。

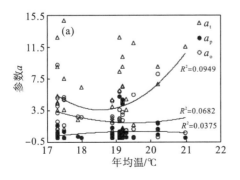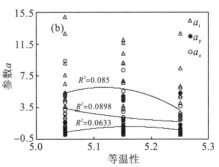

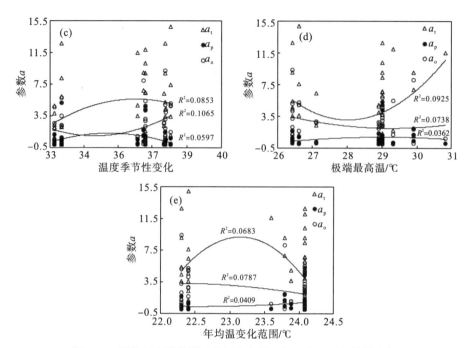

图 4.18　林分树高结构幂函数拟合参数 a 与温度因子相关性分析

注：a_t：思茅松天然林总体林分树高结构幂函数拟合参数 a；a_p：思茅松天然林思茅松分树高结构幂函数拟合

参数 a；a_o：思茅松天然林其他树种林分树高结构幂函数拟合参数 a。(a)：温度因子 bio1；(b)：温度因子 bio3；

(c)：温度因子 bio4；(d)：温度因子 bio5；(e)：温度因子 bio7。

　　从思茅松天然林总体林分树高结构幂函数拟合参数 a、思茅松林分树高结构幂函数拟合参数 a 和其他树种林分树高结构幂函数拟合参数 a 随降水因子变化的曲线图 4.19 来看，各指数的曲线拟合效果显著性各有不同，从它们的曲线的拟合效果 R^2 来看，虽然 R^2 均比较小，但是它们的相关性检验均显著。思茅松天然林总体林分树高结构幂函数拟合参数 a 随 bio12 的增加而减小；随 bio13、bio15、bio16、bio18 的增加呈先减小后增大的趋势；随 bio14、bio17、bio19 的增加呈先增大后减小的趋势，且分别在 14mm、47mm、55mm 处达到峰值 [图 4.19(c)、(f)、(h)]。林内思茅松林分树高结构幂函数拟合参数 a 随 bio12、bio14、bio15 的增加呈先增大后减小的趋势，且分别在 1440mm、13mm、85.5 处达到峰值 [图 4.19(a)、(c)、(d)]；随 bio13、bio16、bio17、bio18、bio19 的增加呈先减小后

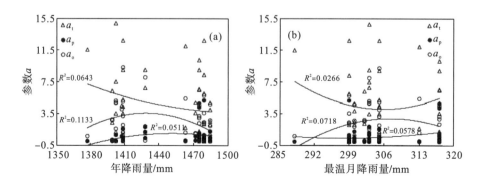

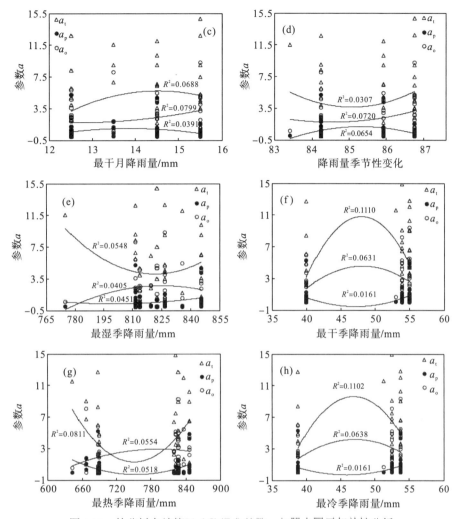

图 4.19 林分树高结构幂函数拟合参数 a 与降水因子相关性分析

增大的趋势。林内其他树种林分树高结构幂函数拟合参数 a 随 bio12、bio13、bio16、bio17、bio18、bio19 的增加呈先增大后减小的趋势,且分别在 1425mm、310mm、825mm、48mm、780mm、55mm 处达到峰值 [图 4.19(a)、(b)、(e)、(f)、(g)、(h)];随 bio14 的增加而增大;随 bio15 的增加呈先减小后增大的趋势。可见,降水因子 bio16、bio18 对思茅松天然林林分树高结构幂函数拟合参数 a 的影响基本一致,bio17、bio19 对其的影响也是一致的,而其他降水因子对其的影响并没有体现出一定的规律性。

2)气候因子对思茅松天然林林分树高结构幂函数拟合参数 b 的影响

思茅松天然林总体、思茅松和其他树种林分树高结构幂函数拟合参数 b 与气候因子分析结果见表 4.24。整体来看,与各气候因子的相关性较显著。其中,总体林分树高结构幂函数拟合参数 b 与 bio4、bio17、bio19 存在极显著负相关关系,相关系数分别为-0.385、-0.387、-0.383;与 bio3、bio12 存在显著正相关性,相关系数分别为 0.348、0.329;与 bio14 存在显著负相关关系,相关系数为-0.321。思茅松林分树高结构幂函数拟合参数 b 与 bio17、bio19

存在显著负相关关系，相关系数均为-0.297；而与 bio3 具有最强正相关性(0.201)。其他树种林分树高结构幂函数拟合参数 b 与 bio3 存在显著正相关关系，相关系数为 0.296；与 bio15、bio18 存在显著负相关关系，相关系数分别为-0.307、-0.306。可见，思茅松天然林林分树高结构幂函数拟合参数 b 与气候因子 bio3、bio4、bio12、bio14、bio17、bio19 密切相关。

表 4.24　气候因子与林分树高结构幂函数拟合参数 b 相关关系表

指标	总体	思茅松	其他树种	指标	总体	思茅松	其他树种
bio1	0.053	-0.031	0.247	bio11	0.132	0.027	0.283
bio2	0.261	0.111	0.271	bio12	0.329*	0.132	0.221
bio3	0.348*	0.201	0.296*	bio13	-0.125	-0.221	-0.112
bio4	-0.385**	-0.269	-0.275	bio14	-0.321*	-0.197	-0.286
bio5	0.110	0.010	0.265	bio15	-0.252	-0.135	-0.307*
bio6	-0.068	-0.078	0.212	bio16	-0.089	-0.183	-0.154
bio7	0.227	0.075	0.258	bio17	-0.387**	-0.297*	-0.234
bio8	-0.085	-0.124	0.179	bio18	-0.230	-0.126	-0.306*
bio9	0.066	-0.012	0.26	bio19	-0.383**	-0.297*	-0.233
bio10	-0.062	-0.107	0.193				

从思茅松天然林总体林分树高结构幂函数拟合参数 b、思茅松林分树高结构幂函数拟合参数 b 和其他树种林分树高结构幂函数拟合参数 b 随温度因子变化的曲线图 4.20 来看，各指数的曲线拟合效果显著性各有不同，从它们的曲线的拟合效果 R^2 来看，虽然 R^2 均比较小，但是它们的相关性检验均显著。思茅松天然林总体林分树高结构幂函数拟合参数 b 随 bio1、bio5 的增加呈先增大后减小的趋势，且分别在 18.5℃、28℃处达到峰值[图 4.20(a)、(d)]；随 bio3、bio7 的增加呈先减小后增大的趋势；随 bio4 的增加而减小。林内思茅松林分树高结构幂函数拟合参数 b 随 bio1、bio5 的增加呈先增大后减小的趋势，且在 18.5℃、28℃处达到峰值[图 4.20(a)、(d)]；而随 bio3、bio4、bio7 的增加呈先减小后增大的趋势。林内其他树种林分树高结构幂函数拟合参数 b 随 bio1、bio3、bio5 的增加而增大；随 bio4、bio7 的增加呈先增大后减小的趋势，且分别在 34.5、23.5℃处达到峰值[图 4.20(c)、(e)]。可见，温度因子 bio1、bio5 对思茅松天然林林分树高结构幂函数拟合参数 b 的影响基本一致，而其他温度因子对其的影响并没有体现出类似的规律性。

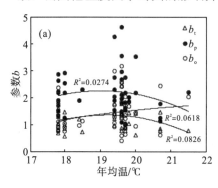
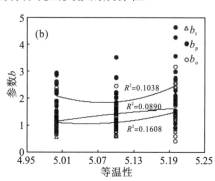

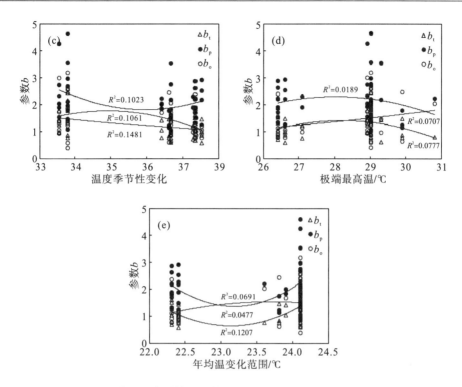

图 4.20　林分树高结构幂函数拟合参数 b 与温度因子相关性分析

从思茅松天然林总体林分树高结构幂函数拟合参数 b、思茅松林分树高结构幂函数拟合参数 b 和其他树种林分树高结构幂函数拟合参数 b 随降水因子变化的曲线图 4.21 来看，各指数的曲线拟合效果显著性各有不同，从它们的曲线的拟合效果 R^2 来看，虽然 R^2 均比较小，但是它们的相关性检验均显著。思茅松天然林总体林分树高结构幂函数拟合参数 b 随 bio12 的增加而增大；随 bio13 的增加而减小；随 bio14、bio17、bio19 的增加呈先减小后增大的趋势；随 bio15、bio16、bio18 的增加呈先增大后减小的趋势，且分别在 84、820mm、730mm 处达到峰值 [图 4.21(d)、(e)、(g)]。林内思茅松林分树高结构幂函数拟合参数 b 随 bio12、bio14、bio15、bio17、bio19 的增加呈先减小后增大的趋势；随 bio13 的增加而减小；随 bio16、bio18 的增加呈先增大后减小的趋势，且在 800mm、750mm 处达到峰值 [图 4.21(e)、(g)]。林内其他树种林分树高结构幂函数拟合参数 b 随 bio12、bio13、

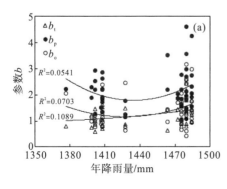
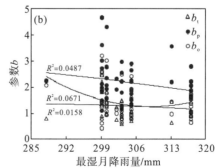

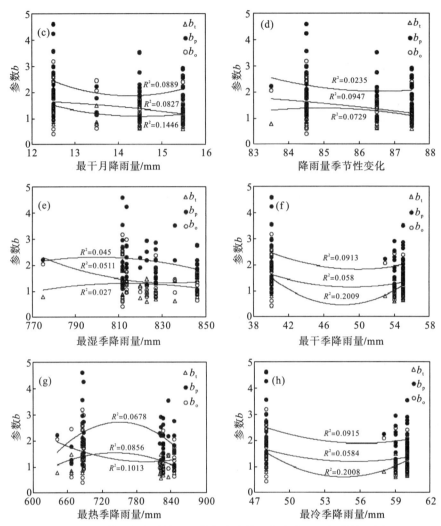

图4.21　林分树高结构幂函数拟合参数 b 与降水因子相关性分析

bio16、bio17、bio18、bio19 的增加呈先减小后增大的趋势；而随 bio14、bio15 的增加而减小。可见，降水因子 bio16、bio18 对思茅松天然林林分树高结构幂函数拟合参数 b 的影响基本一致，bio17、bio19 对其的影响也基本一致，而其他降水因子对其的影响并没有体现出一定的规律性。

4.2.2　思茅松天然林林分树高结构变化的排序分析

4.2.2.1　林分因子对思茅松林分树高结构变化的环境解释

1. 林分因子对思茅松天然林林分树高分布峰度和偏度变化的环境解释

从表 4.25 可以看出，四个轴的特征值分别为 0.011、0.005、0.002 和 0.001，总特征值为 0.114。四个轴分别表示了林分因子变量的 10.1%、14.5%、16.5%和 17.1%。第一排序轴解释了思茅松天然林林分树高分布的峰度和偏度变化信息的 58.3%，前两轴累积解释其变化的 83.5%，前三轴累积解释其变化的 95.2%。可见，排序的前三轴，尤其是第二轴较好地反映了样地林分树高分布峰度与偏度随林分因子的变化。

从表 4.26 可以看出，林分优势高与排序轴第二轴具有最大正相关，为 0.5344，林分平均高次之。除林分密度指数外，其他林分因子均与第二轴呈现出正相关。林分年龄与四个排序轴中的第二轴具有最大相关性，为 0.4270，与其他三个轴的相关性较弱。除郁闭度外，其他林分因子均与第一轴呈负相关。除地位指数外，其他林分因子均与第四轴呈正相关。所有林分因子与除第二轴外的其他三个轴的相关性相对较弱。因此，对思茅松天然林林分树高结构分布峰度与偏度影响的林分因子有林分年龄、林分平均高和林分优势高。

表 4.25　林分树高偏度峰度与林分因子的 CCA 排序结果

指标	AX1	AX2	AX3	AX4	Total
EI	0.011	0.005	0.002	0.001	0.114
SPEC	0.46	0.568	0.318	0.347	
CPVSD	10.1	14.5	16.5	17.1	
CPVSER	58.3	83.5	95.2	98.4	

表 4.26　林分树高偏度峰度与林分因子 CCA 排序各轴相关性分析

指标	AX1	AX2	AX3	AX4
Age	−0.0409	0.4270	−0.0160	0.1225
YBD	0.2249	0.2849	0.1582	0.1665
H_m	−0.1700	0.5178	−0.0116	0.0331
H_t	−0.0705	0.5344	−0.0770	0.0283
SDI	−0.1768	−0.0169	0.0226	0.2226
SI	−0.0559	0.2887	−0.0532	−0.1157

根据前两轴绘制的二维排序图 4.22，沿 CCA 第一轴从左至右，林分密度指数、林分平均高、林分优势高等林分因子不断降低，郁闭度逐渐增大。沿着 CCA 第二轴从下往上，林分密度指数逐渐减小，郁闭度、林分平均高、林分优势高等林分因子不断增加。林分密度指数与第一轴具有最大负相关，郁闭度与两个排序轴均呈现较强正相关，林分平均高、林分优势高等林分因子与第二轴具有较强正相关，与第一轴的负相关性不十分密切。思茅松天然林总体树高的偏度(skewah)在林分平均高、林分优势高、地位指数和林分年龄较小时取得最大值。林分密度指数最大、林分平均高等林分因子偏小时，思茅松天然林其他树种树高的偏度(skewoh)取得最大值。思茅松天然林总体树高的峰度(kurtah)与郁闭度有较密切的关系，思茅松天然林其他树种树高的峰度(kurtoh)受林分密度指数影响较大。思茅松天然林思茅松树高的偏度(skewph)和峰度(kurtph)几乎不受林分因子的影响。

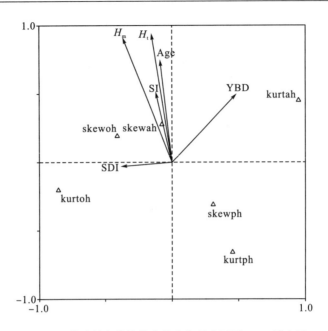

图 4.22   林分树高结构峰度偏度与林分因子 CCA 排序图

2. 林分因子对思茅松天然林林分树高结构拟合函数参数变化的环境解释

从表 4.27 可以看出，四个轴的特征值分别为 0.131、0.061、0.004 和 0.002，总特征值为 0.426。四个轴分别表示了林分因子变量的 30.7%、45%、46% 和 46.5%。第一排序轴解释了思茅松天然林林分树高结构拟合函数参数变化信息的 65.9%，前两轴累积解释其变化的 96.6%，可见排序的前二轴，尤其是第一轴较好地反映了样地林分树高结构拟合函数参数随林分因子的变化。

从表 4.28 可以看出，林分平均高与排序轴第二轴具有最大正相关，为 0.6744，林分优势高次之。林分年龄与四个排序轴中的第二轴具有最大相关性，为 0.5864。郁闭度与四个排序轴的第一轴具有最大相关性，为 0.4208。地位指数与四个排序轴中的第二轴具有最大相关性，为 0.3126。所有林分因子均与第二轴呈正相关。除郁闭度外，其他林分因子与第一轴的相关性相对比较弱。所有的林分因子与第三、四轴的相关性相对比较弱。因此，对思茅松天然林林分树高结构拟合函数参数有影响的林分因子是林分年龄、郁闭度、林分平均高、林分优势高和地位指数。

表 4.27   林分树高结构拟合函数参数与林分因子的 CCA 排序结果

指标	AX1	AX2	AX3	AX4	Total
EI	0.131	0.061	0.004	0.002	0.426
SPEC	0.778	0.708	0.384	0.205	
CPVSD	30.7	45	46	46.5	
CPVSER	65.9	96.6	98.8	99.8	

表 4.28　林分树高结构拟合函数参数与林分因子 CCA 排序各轴的相关性分析

指标	AX1	AX2	AX3	AX4
Age	0.1688	0.5864	−0.1091	0.0466
YBD	0.4208	0.2938	0.1685	0.0835
H_m	−0.1038	0.6744	0.0185	0.0308
H_t	0.0676	0.6409	−0.0101	0.0246
SDI	−0.2535	0.0797	−0.1357	0.1645
SI	−0.1188	0.3126	0.0805	−0.0202

　　根据二维排序图 4.23 可以看出，沿 CCA 第一轴从左至右，林分密度指数、地位指数和林分平均高逐渐减小，林分优势高、林分年龄和郁闭度不断增加。沿着 CCA 第二轴从下往上，郁闭度、林分密度指数、林分年龄等六个林分因子逐渐变大。林分密度指数与第一轴具有较强负相关，郁闭度与第一、二轴呈现较强正相关。林分年龄、林分优势高等林分因子与第二轴具有最强正相关。思茅松天然林林分总体林分树高结构拟合函数 a 参数（a_t）与郁闭度有较密切的关系，思茅松天然林思茅松林分树高结构拟合函数 b 参数（b_p）受林分密度指数影响较大，林分密度指数、地位指数最大，郁闭度最小时，b_p 取得最大值。思茅松天然林总体林分树高结构拟合函数 b 参数（b_t）、思茅松天然林其他树种林分树高结构拟合函数 b 参数（b_o）和思茅松天然林思茅松林分树高结构拟合函数 a 参数（a_p）并没有体现出类似的规律性。

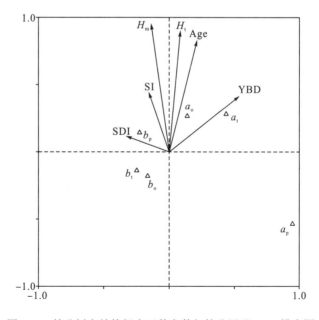

图 4.23　林分树高结构拟合函数参数与林分因子 CCA 排序图

4.2.2.2 地形因子对思茅松林分树高结构变化的环境解释

1. 地形因子对思茅松天然林林分树高分布峰度和偏度变化的环境解释

从表 4.29 可以看出,四个轴的特征值分别为 0.015、0.002、0 和 0.046,总特征值为 0.114。四个轴分别表示了地形因子变量的 12.8%、14.2%、14.3%和 54.7%。第一排序轴解释了思茅松天然林林分树高分布峰度和偏度变化信息的 89.6%,前两轴累积解释其变化的 99.5%,前三轴累积解释其变化已达到 100%。可见排序的前二轴,尤其是第一轴较好地反映了样地林分树高分布峰度与偏度随地形因子的变化。

从表 4.30 可以看出,海拔与排序轴第一轴具有最大负相关,为-0.411。坡度与第二轴具有最大正相关,为 0.3297。除海拔外,坡度和坡向均与第一轴呈现正相关。除坡向外,海拔和坡度均与第二轴呈现正相关。三个地形因子均与第三轴呈现负相关,且相关性均比较弱。三个地形因子均与第四轴无相关性。因此,对思茅松天然林林分树高分布峰度与偏度影响的地形因子有海拔和坡度。

表 4.29　林分树高偏度峰度与地形因子的 CCA 排序结果

指标	AX1	AX2	AX3	AX4	Total
EI	0.015	0.002	0	0.046	0.114
SPEC	0.507	0.382	0.063	0	
CPVSD	12.8	14.2	14.3	54.7	
CPVSER	89.6	99.5	100	0	

表 4.30　林分树高偏度峰度与地形因子 CCA 排序各轴的相关性分析

指标	AX1	AX2	AX3	AX4
Alt	-0.411	0.1585	-0.0259	0
Slo	0.1775	0.3297	-0.0228	0
ASPD	0.0342	-0.2273	-0.0503	0

根据前两轴绘制的二维排序图 4.24 可以看出,沿 CCA 第一轴从左至右,海拔逐渐降低,坡度和坡向有上升的趋势。沿着 CCA 第二轴从下往上,坡向不断减小,海拔和坡度不断增加。海拔与第一轴具有较强负相关,与第二轴呈现正相关,但相关性不十分密切。坡向与第二轴具有最强负相关,坡度与第二轴具有较强正相关。思茅松天然林总体林分树高分布的偏度(skewah)受海拔影响较大。坡度和坡向最小、海拔中等条件时,思茅松天然林思茅松林分树高分布的偏度(skewph)取得最大值。坡度和坡向最大、海拔最小时,思茅松天然林其他树种林分树高的偏度(skewoh)取得最大值。思茅松天然林总体林分树高的峰度(kurtah)、思茅松林分树高的峰度(kurtph)和其他树种林分树高的峰度(kurtoh)并没有体现出类似的规律性。

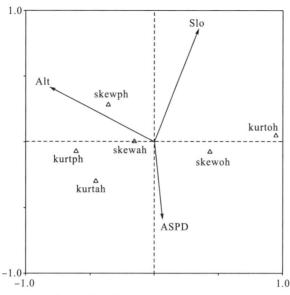

图 4.24　林分树高结构峰度偏度与地形因子 CCA 排序图

2. 地形因子对思茅松天然林林分树高结构拟合函数参数变化的环境解释

从表 4.31 可以看出，四个轴的特征值分别为 0.094、0.013、0.001 和 0.117，总特征值为 0.426。四个轴分别表示了地形因子变量的 22.1%、25%、25.4%和 66.9%。第一排序轴解释了思茅松天然林林分树高结构拟合函数参数变化信息的 86.9%，前两轴累积解释其变化的 98.7%，前三轴累积解释其变化已达到 100%。可见排序的前二轴，尤其是第一轴较好地反映了样地林分树高结构拟合函数参数随地形因子的变化。

从表 4.32 可以看出，海拔与排序轴第一轴具有最大正相关，为 0.6670。坡向与第一轴具有最大负相关，为-0.3014。坡度与四个排序轴中第一轴的相关性相对较强，为 0.2942。三个地形因子与第二、三轴的相关性相对较弱，且与第四轴无相关性。因此，三个地形因子均对思茅松天然林林分树高结构拟合函数参数有影响。

表 4.31　林分树高结构函数拟合参数与地形因子的 CCA 排序结果

指标	AX1	AX2	AX3	AX4	Total
EI	0.094	0.013	0.001	0.177	0.426
SPEC	0.717	0.287	0.173	0	
CPVSD	22.1	25	25.4	66.9	
CPVSER	86.9	98.7	100	0	

表 4.32　林分树高结构拟合函数参数与地形因子 CCA 排序各轴的相关性分析

指标	AX1	AX2	AX3	AX4
Alt	0.6670	-0.0709	-0.0468	0
Slo	0.2942	0.2464	-0.0529	0
ASPD	-0.3014	-0.1177	-0.1396	0

　　根据前两轴绘制的二维排序图 4.25 可以看出，沿 CCA 第一轴从左至右，坡向不断减小，海拔和坡度逐渐增加。沿着 CCA 第二轴从下往上，坡向和海拔逐渐降低，坡度有不断上升的趋势。海拔与第一轴具有最强正相关，坡向与第一、二轴都是强负相关。坡度与第一、二轴均呈现正相关，但与第一轴的相关性并不十分密切。思茅松天然林思茅松树高结构拟合函数 b 参数(b_p)在坡度偏小以及最小海拔和坡向时取得最大值。思茅松天然林总体林分树高结构拟合函数 b 参数(b_t)和思茅松天然林其他树种林分树高结构拟合函数 b 参数(b_o)位置较近，表明两个参数变化趋势相似，它们均在相似的条件下取得最大值，即坡度和海拔偏大，坡向最小的条件下。思茅松天然林总体林分树高结构拟合函数 a 参数(a_t)和思茅松天然林思茅松林分树高结构拟合函数 a 参数(a_p)受坡向影响较大。思茅松天然林其他树种林分树高结构拟合函数 a 参数(a_o)并没有体现出类似的规律性。

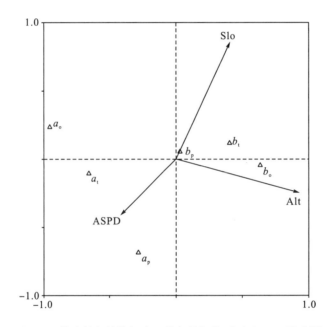

图 4.25　林分树高结构拟合函数参数与地形因子 CCA 排序图

4.2.2.3　土壤因子对思茅松林分树高结构变化的环境解释

1. 土壤因子对思茅松天然林林分树高分布峰度和偏度变化的环境解释

　　从表 4.33 可以看出，四个轴的特征值分别为 0.015、0.004、0.001 和 0.001，总特征值为 0.114。四个轴分别表示了土壤因子变量的 13.4%、17.3%、18.5%和 19.1%。第一排序轴解释了思茅松天然林林分树高分布峰度与偏度变化信息的 69.3%，前两轴累积解释其变化的 89.5%，前三轴累积解释其变化的 95.8%。可见排序的前三轴，尤其是第一轴较好地反映了样地林分树高分布峰度与偏度随土壤因子的变化。

　　从表 4.34 可以看出，土壤 pH 与排序轴第一轴具有最大负相关，为-0.2677。全磷与第一轴具有最大正相关，为 0.3785。全氮与四个排序轴中第三轴的相关性较强，为-0.2385。全钾与四个排序轴中的第二轴具有最大相关性，为 0.2330。速效钾与四个排序轴中的第二轴具有最大相关性，为 0.2319。除全磷和有效磷外，其他土壤因子均与第一轴呈现负相关。所有的土壤因子均与第二轴呈正相关。因此，对思茅松天然林林分树高分布峰度与偏度有影响的的土壤因子是土壤 pH、全氮、全磷、全钾和速效钾。

表 4.33　林分树高偏度峰度与土壤因子的 CCA 排序结果

指标	AX1	AX2	AX3	AX4	Total
EI	0.015	0.004	0.001	0.001	0.114
SPEC	0.56	0.327	0.374	0.313	
CPVSD	13.4	17.3	18.5	19.1	
CPVSER	69.3	89.5	95.8	99.1	

表 4.34　林分树高偏度峰度与土壤因子 CCA 排序各轴的相关性分析

指标	AX1	AX2	AX3	AX4
pH	−0.2677	0.0322	0.1845	0.1720
OM	−0.0464	0.0737	−0.1696	0.0925
TN	−0.1386	0.0891	−0.2385	0.0589
TP	0.3785	0.0026	−0.1974	0.0501
TK	−0.0615	0.2330	−0.0142	−0.0567
HN	−0.1490	0.0688	−0.1231	0.0110
YP	0.1023	0.0594	0.1199	0.1001
SK	−0.0738	0.2319	−0.1374	−0.0462

根据前两轴绘制的二维排序图 4.26 可以看出，沿 CCA 第一轴从左至右，土壤 pH、水解性氮、全氮等土壤因子不断减小，有效磷和全磷有上升的趋势。沿着 CCA 第二轴从下往上，土壤 pH、水解性氮、全氮等土壤因子逐渐增大。有效磷与第一、二轴都是强正相关，全磷与第一轴具有最强正相关，土壤 pH、水解性氮、全氮等土壤因子与第一轴呈负相关，与第二轴呈正相关。思茅松天然林总体林分树高的偏度(skewah)和思茅松天然林思茅松林分树高的偏度(skewph)位置很近，说明两者的变化趋势相似，它们均在相似的条件下取得最大值，即有效磷和全磷最大、土壤 pH 和水解性氮等土壤因子最小时取得最大值，思茅松天然林其他树种林分树高的偏度(skewoh)在水解性氮和全氮最大时达到最大值。思茅松天然林总体林分树高的峰度(kurtah)、思茅松林分树高的峰度(kurtph)和其他树种林分树高的峰度(kurtoh)并没有体现出类似的规律性。

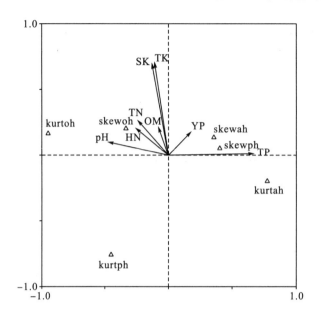

图 4.26   林分树高结构峰度偏度与土壤因子 CCA 排序图

2. 土壤因子对思茅松天然林林分树高结构拟合函数参数变化的环境解释

从表 4.35 可以看出，四个轴的特征值分别为 0.096、0.022、0.011 和 0.003，总特征值为 0.426。四个轴分别表示了土壤因子变量的 22.5%、27.8%、30.3% 和 31%。第一排序轴解释了思茅松天然林林分树高结构拟合函数参数变化信息的 72.2%，前两轴累积解释其变化的 89.1%，前三轴累积解释其变化的 97.3%。可见排序的前三轴，尤其是第一轴较好地反映了样地林分树高结构拟合函数参数随土壤因子的变化。

表 4.35   林分树高分布拟合函数参数与土壤因子的 CCA 排序结果

指标	AX1	AX2	AX3	AX4	Total
EI	0.096	0.022	0.011	0.003	0.426
SPEC	0.669	0.411	0.447	0.394	
CPVSD	22.5	27.8	30.3	31	
CPVSER	72.2	89.1	97.3	99.5	

从表 4.36 可以看出，全磷与排序轴第一轴具有最大负相关，为-0.5299。土壤 pH 与第一轴具有最大正相关，为 0.4468。土壤有机质含量与四个排序轴中第一轴的相关性较强，为-0.3424。全氮与四个排序轴中的第一轴具有最大相关性，为-0.4544。水解性氮与四个排序轴中的第一轴具有最大相关性，为-0.3461。除土壤 pH 和全钾外，其他土壤因子均与第一轴呈负相关。除全磷外，所有的土壤因子均与第二轴呈正相关。所有的土壤因子与第二、三、四轴的相关性相对较弱。因此，对思茅松天然林林分树高结构拟合函数参数有影响的土壤因子有土壤 pH、土壤有机质含量、全氮、全磷和水解性氮。

表 4.36　林分树高分布拟合函数参数与土壤因子 CCA 排序轴相关性分析

指标	AX1	AX2	AX3	AX4
pH	0.4468	0.2038	−0.0643	−0.1538
OM	−0.3424	0.0838	−0.0203	0.1425
TN	−0.4544	0.2093	−0.0410	0.114
TP	−0.5299	−0.0258	0.2551	−0.0314
TK	0.1472	0.2102	0.1384	0.1301
HN	−0.3461	0.1942	−0.0330	0.1034
YP	−0.1553	0.0826	0.1037	−0.0380
SK	−0.0864	0.1156	0.0345	0.1574

　　根据前两轴绘制的二维排序图 4.27 可以看出，沿 CCA 第一轴从左至右，全磷、土壤有机质含量、全氮等土壤因子不断减小，全钾和土壤 pH 不断增加。沿着 CCA 第二轴从下往上，全磷逐渐减小，土壤有机质含量、全氮等土壤因子逐渐上升。全磷与第一轴具有最强正相关，土壤有机质含量、全氮等土壤因子与第一轴呈负相关，与第二轴呈正相关，土壤 pH 与第一、二轴都具有强正相关，全钾与第一轴具有较强正相关。思茅松天然林总体林分树高结构拟合函数 a 参数(a_{t})和思茅松天然林其他树种林分树高结构拟合函数 a 参数(a_{o})受土壤 pH 影响较大。思茅松天然林总体林分树高结构拟合函数 b 参数(b_{t})、思茅松林分树高结构拟合函数 b 参数(b_{p})和其他树种林分树高结构拟合函数 b 参数(b_{o})聚集在一起，表明三个参数变化趋势相近，它们均在全磷和土壤有机质含量偏小、土壤 pH 最小时取得最大值。思茅松天然林思茅松林分树高结构拟合函数 a 参数(a_{t})并没有体现出类似的规律性。

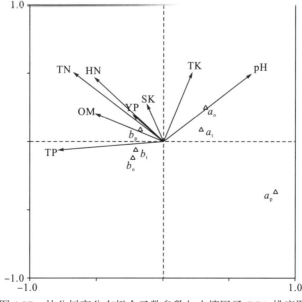

图 4.27　林分树高分布拟合函数参数与土壤因子 CCA 排序图

4.2.2.4　气候因子对思茅松林分树高结构变化的环境解释

1. 气候因子对思茅松天然林林分树高分布峰度和偏度变化的环境解释

从表 4.37 可以看出，四个轴的特征值分别为 0.021、0.005、0.001 和 0.001，总特征值为 0.114。四个轴分别表示了土壤因子变量的 18.4%、22.7%、23.9% 和 24.8%。第一排序轴解释了思茅松天然林林分树高分布峰度与偏度变化信息的 72.7%，前两轴累积解释其变化的 89.8%，前三轴累积解释其变化的 94.4%。可见排序的前三轴，尤其是第一轴较好地反映了样地林分树高分布峰度与偏度随气候因子的变化。

从表 4.38 可以看出，bio12 与排序轴第一轴具有最大正相关，为 0.3190，bio3 次之。bio4 与第一轴具有最大负相关，为-0.2984。气候因子 bio2、bio4、bio7、bio14、bio15、bio17 和 bio19 与第一轴的相关性、bio8 与第二轴的相关性和 bio13、bio16 与第三轴的相关性均大于 0.2。所有的气候因子与第四轴的相关性相对较弱。因此，对思茅松天然林林分树高分布峰度与偏度有影响的气候因子是 bio2、bio3、bio4、bio7、bio8、bio12、bio13、bio14、bio15、bio16、bio17 和 bio19。

表 4.37　林分树高偏度峰度与气候因子的 CCA 排序结果

指标	AX1	AX2	AX3	AX4	Total
EI	0.021	0.005	0.001	0.001	0.114
SPEC	0.643	0.366	0.366	0.332	
CPVSD	18.4	22.7	23.9	24.8	
CPVSER	72.7	89.8	94.4	97.9	

表 4.38　林分树高偏度峰度与气候因子 CCA 排序轴相关性分析

气候因子	AX1	AX2	AX3	AX4	气候因子	AX1	AX2	AX3	AX4
bio1	0.1510	0.1659	−0.0084	0.0897	bio11	0.1917	0.1269	−0.0322	0.0957
bio2	0.2840	0.0552	−0.0116	0.1135	bio12	0.3190	−0.0261	0.0219	0.1254
bio3	0.3140	−0.0152	−0.0736	0.0977	bio13	−0.0116	0.0776	0.2048	0.0696
bio4	−0.2984	0.0874	0.1261	−0.0721	bio14	−0.2460	0.0561	0.1209	−0.0849
bio5	0.1846	0.1414	−0.0125	0.0962	bio15	−0.2003	−0.0355	0.1068	−0.0876
bio6	0.0336	0.1942	−0.0410	0.0483	bio16	−0.0097	0.0145	0.2004	0.0566
bio7	0.2662	0.0764	0.0114	0.1154	bio17	−0.2745	0.1271	0.1440	−0.0473
bio8	0.0623	0.2190	0.0281	0.0686	bio18	−0.1910	−0.0143	0.1856	−0.1097
bio9	0.1488	0.1587	−0.0145	0.0879	bio19	−0.2700	0.1257	0.1461	−0.0469
bio10	0.0791	0.2118	0.0203	0.0715					

　　根据前两轴绘制的二维排序图 4.28 可以看出，沿 CCA 第一轴从左至右，bio4、bio14、bio15 等气候因子不断减小，bio1、bio2、bio3、bio5 等气候因子不断增加。沿着 CCA 第二轴从下往上，bio3、bio12、bio15、bio18 逐渐减小，bio1、bio2、bio4、bio5 等气候因子逐渐增大。bio4、bio14、bio15 等气候因子与第一轴具有较强负相关，气候因子 bio2、bio3、bio7、bio12 与第一轴具有较强正相关。bio6、bio8、bio13 等气候因子与第二轴具有较强正相关。思茅松天然林思茅松林分树高分布的偏度(skewph)在气候因子 bio14 和 bio18 偏小时取得最大值，思茅松天然林总体林分树高分布的峰度(kurtah)在气候因子 bio17 最大时取得最大值。思茅松天然林总体林分树高分布的偏度(skewah)受气候因子 bio13 和 bio17 影响较大。思茅松天然林思茅松林分树高分布的峰度(kurtph)和思茅松天然林其他树种林分树高分布的峰度(kurtoh)并没有体现出类似的规律性。

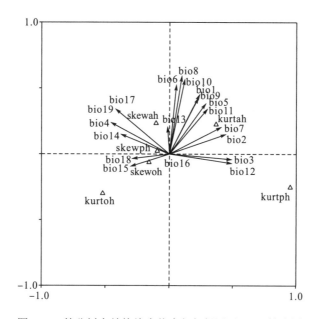

图 4.28　林分树高结构峰度偏度与气候因子 CCA 排序图

　　2. 气候因子对思茅松天然林林分树高结构拟合函数参数变化的环境解释

　　从表 4.39 可以看出，四个轴的特征值分别为 0.041、0.033、0.013 和 0.002，总特征值为 0.426。四个轴分别表示了土壤因子变量的 9.7%、17.4%、20.5%和 21.0%。第一排序轴解释了思茅松天然林林分树高结构拟合函数参数变化信息的 45.7%，前两轴累积解释其变化的 82.2%，前三轴累积解释其变化的 97.0%。可见排序的前三轴，尤其是第一轴较好地反映了样地林分树高结构拟合函数参数随气候因子的变化。

　　从表 4.40 可以看出，bio12 与排序轴第一轴具有最大负相关，为-0.4174。bio6 与第三轴具有最大正相关，为 0.3145。气候因子 bio2、bio3、bio5、bio7 和 bio11 与第一轴的相关性均大于 0.3。因此，对思茅松天然林林分树高结构拟合函数参数有影响的气候因子有

bio2、bio3、bio5、bio6、bio7、bio11 和 bio12。

表 4.39　林分树高分布拟合函数参数与气候因子的 CCA 排序结果

指标	AX1	AX2	AX3	AX4	Total
EI	0.041	0.033	0.013	0.002	0.426
SPEC	0.573	0.391	0.475	0.31	
CPVSD	9.7	17.4	20.5	21.0	
CPVSER	45.7	82.2	97.0	99.1	

表 4.40　林分树高分布拟合函数参数与气候因子 CCA 排序各轴的相关性分析

气候因子	AX1	AX2	AX3	AX4	气候因子	AX1	AX2	AX3	AX4
bio1	−0.2712	0.0042	0.2657	−0.0003	bio11	−0.3004	−0.0610	0.2356	−0.0048
bio2	−0.383	−0.1281	0.1182	−0.0769	bio12	−0.4174	−0.1597	−0.0082	−0.1078
bio3	−0.3327	−0.2221	0.0625	−0.0550	bio13	−0.1790	0.1928	−0.0159	−0.0695
bio4	0.2496	0.2901	0.0052	0.0417	bio14	0.2695	0.2325	−0.0546	0.0177
bio5	−0.3085	−0.0363	0.2386	−0.0199	bio15	0.2448	0.1742	−0.1372	−0.0286
bio6	−0.1277	0.0430	0.3145	0.0601	bio16	−0.1433	0.1615	−0.0972	−0.0807
bio7	−0.3926	−0.0921	0.1331	−0.0793	bio17	0.1776	0.2974	0.0550	0.0412
bio8	−0.1983	0.1019	0.3057	0.0155	bio18	0.1289	0.2207	−0.1232	−0.1243
bio9	−0.2796	−0.0184	0.2666	−0.0049	bio19	0.1734	0.296	0.053	0.0399
bio10	−0.2102	0.0847	0.303	0.0128					

　　根据前两轴绘制的二维排序图 4.29 可以看出，沿 CCA 第一轴从左至右，bio1、bio2、bio3、bio5 等气候因子不断减小，bio4、bio14、bio15 等气候因子不断增加。沿着 CCA 第二轴从下往上，bio2、bio3、bio5、bio7 等气候因子逐渐变小，bio1、bio4、bio6、bio8 等气候因子逐渐增大。bio1 与第一轴具有最强负相关性，bio2、bio3、bio5、bio7 等气候因子与第一、二轴均具有负相关性，bio4、bio14、bio15 与第一、二轴均呈较强正相关。bio6、bio8、bio10 等气候因子与第一轴呈负相关，与第二轴呈现正相关。思茅松天然林总体林分树高结构拟合函数 a 参数(a_t)和思茅松天然林其他树种林分树高结构拟合函数 a 参数(a_o)位置很近，表明两个参数的变化趋势相近，它们均在相似的条件下取得最大值，即气候因子 bio14 和 bio15 呈中等水平时两个参数达到最大值。思茅松天然林总体林分树高结构拟合函数 b 参数(b_t)和思茅松天然林其他树种林分树高结构拟合函数 b 参数(b_o)均在气候因子 bio13 偏小时取得最大值。思茅松天然林思茅松林分树高结构拟合函数 a 参数(a_t)和 b 参数(b_t)并没有体现出类似的规律性。

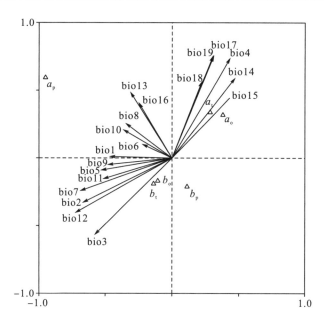

图 4.29　林分树高分布拟合函数参数与气候因子 CCA 排序图

4.3　讨　　论

　　本章借助偏度和峰度分析了思茅松天然林林分树高结构的分布变化,分析指出思茅松天然林的林分树高结构分布同样地内思茅松林分树高结构呈现出较为一致的态势,这主要是由于研究区内思茅松是优势树种。欧光龙等(2014)在思茅松天然林胸径与树高结构变化的研究中,通过对样地树高分布进行幂函数分布拟合的结果表明思茅松天然林树高分布均符合幂函数分布。本章在此基础上选取幂函数进行思茅松天然林总体、思茅松和其他树种林分树高结构的分布拟合,三个研究位点的林分总体、思茅松和其他树种拟合方程的决定系数(R^2)为 0.9756~0.9884,再次验证了幂函数在林分树高结构拟合中有较强的实用性。

　　树高结构的研究也是林分结构研究的重要内容之一。目前也有很多关于林分树高结构的研究,较多地集中在林分树高结构特征、树高曲线方程的建立、树高结构规律研究等方面,却少有分析呈现特定的林分树高结构与周围环境因素之间存在的关系(欧光龙等,2013;许善财,2015;高东启等,2015;雷娜庆等,2017)。欧光龙等(2013,2014)在思茅松天然林林分胸径与树高的研究中分析了林分、地形和土壤 15 个环境因子对林分树高结构的影响。从环境解释上来看,本研究较为全面地考虑到了林分因子、地形因子、土壤因子和气候因子 36 个环境因子与林分树高结构存在的关系,这也说明了立地条件对林分结构的影响。而且本章对思茅松天然林林分内总体、思茅松和其他树种分别进行研究,这更为深入、更为全面地为思茅松林的可持续经营提供了理论参考。关于思茅松天然林林分树高结构的分布拟合可能还会有其他较为合适的分布函数的选取,以及环境因子之间的交互作用对林分树高结构的影响,这在以后的研究中将深入探讨。

4.4　小　　结

本章引入偏度和峰度，以及幂函数分析了 45 块思茅松天然成熟林样地总体、思茅松和其他树种林分树高结构的分布形态。同时基于相关性分析和生态学中的 CCA 排序方法分析林分、地形、土壤和气候因子对林内总体、思茅松和其他树种林分树高结构形态的影响。研究表明：

(1) 采用偏度、峰度来描述思茅松天然成熟林总体、思茅松和其他树种林分树高结构的分布，偏度、峰度可以较好地体现林内总体、思茅松和其他树种的林分树高结构的分布。从偏度和峰度上来看，林内思茅松的林分树高结构分布偏度、峰度的绝对值均为最小，这表明思茅松天然成熟林内思茅松的林分树高结构分布呈现出和标准正态分布状态较为一致的表现。从幂函数拟合结果来看，a、b 两个参数对思茅松天然林总体、其他树种林分树高结构幂函数拟合的影响不显著。而 a 参数对三个位点的思茅松天然林思茅松林分树高结构幂函数拟合有显著影响。

(2) 从林分树高结构变化的环境解释来看，林分因子中的郁闭度、林分平均胸径、林分平均高、林分优势高和林分密度指数，地形因子中的海拔和坡度，土壤因子中的土壤pH、全氮、全磷和有效磷，气候因子中的 bio2、bio3、bio4、bio12、bio13、bio17、bio18 和 bio19 与思茅松天然林林分树高结构分布的偏度和峰度有较为密切的联系。林分因子中的郁闭度、林分平均胸径、林分平均高和林分优势高，地形因子中的海拔和坡度，土壤因子中的土壤 pH、全氮和全磷，气候因子中的 bio3、bio4、bio7、bio12、bio14、bio17 和 bio19 与思茅松天然林林分树高结构幂函数拟合参数有较为密切的关系。

(3) CCA 排序分析结果较好地反映了林分树高结构随环境因子的变化规律，4 类环境因子中，地形因子最好地解释了思茅松天然林林分树高结构的变化。从二维排序图上来看，林内总体、思茅松、其他树种林分树高结构分布的偏度受到环境因子的影响较为显著，而环境因子对其分布的峰度的影响相对较弱。林内总体、思茅松、其他树种幂函数拟合参数与地形因子密切相关。林内总体林分树高结构幂函数拟合参数 a、参数 b 受到 4 类环境因子的影响较大，存在较强的规律性，而其他幂函数拟合参数与各环境因子的规律性不强。

第5章 思茅松天然林林分直径
多样性变化及其环境解释

5.1 思茅松天然林林分直径大小多样性分析

5.1.1 思茅松天然林林分直径大小多样性变化

根据样地林分直径大小多样性指数分布图(图 5.1)可以看出,H_t 的值处于 1～2 范围内,H_p 的值处于 1～2.2 范围内,H_o 的值处于 0～2 范围内;D_t、D_p 的值处于 0.4～0.9 范围内,而 D_o 的值处于 0～0.9 范围内;G_t、G_p 的值处于 0.25～0.8,而 G_o 的值处于 0～0.8 范围内。H_t 与 H_p 的变化趋势基本一致,仅在 3 号样地处出现不同,H_o 变化幅度比较大,值明显小于 H_t 与 H_p。同时,在 4 号样地和 35 号样地处出现 0 值,表明样地内除思茅松外,其他树种的径级并不丰富,其中两个样地内除思茅松外其他树种只有一个径级[图 5.1(a)]。Simpson 指数的分布趋势同 Shannon 指数的分布趋势基本一致,而且同样是在 4 号样地和 35 号样地处出现 0 值[图 5.1(b)]。对于断面积 Gini 指数[图 5.1(c)],G_t 总体比 G_p 和 G_o 大,说明样地内林木整体的胸高断面积分化程度大于样地内思茅松的胸高断面积的分化程度。G_o 的变动幅度依然很大,说明各样地内除思茅松以外其他树种的胸高断面积的分化程度并不相同,但是总的来说,其分化程度相对于各样地整体和思茅松的胸高断面积分化程度小,即径阶比较集中。

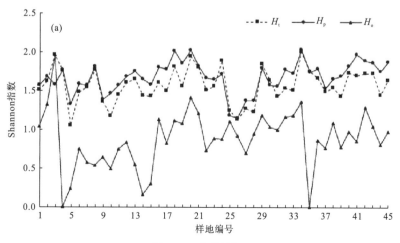

(a)Shannon 指数折线图

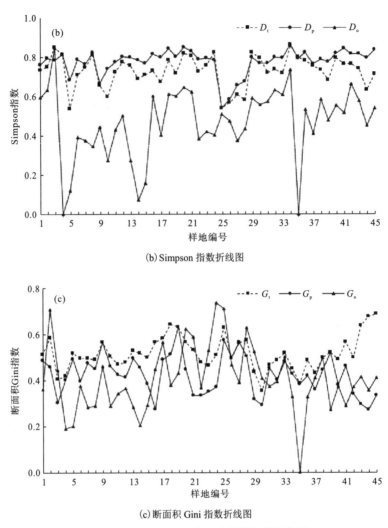

（b）Simpson 指数折线图

（c）断面积 Gini 指数折线图

图 5.1　样地林分直径大小多样性指数折线图

注：（a）为 Shannon 指数折线图；（b）为 Simpson 指数折线图；（c）为断面积 Gini 系数折线图。

5.1.2　思茅松天然林林分直径大小多样性差异比较

5.1.2.1　Shannon 指数在区域间的差异

计算样地内总体、思茅松和其他树种的 Shannon 指数并分析不同区域多样性指数的差异，结果见图 5.2。就样地总体的 Shannon 指数（H_t）而言，墨江县（M）、思茅区（P）、澜沧县（L）以及总研究区（T）的 Shannon 指数（H_t）的大小关系为：澜沧县（L）>思茅区（P）>总研究区（T）>墨江县（M）；离散程度大小关系为：思茅区（P）>墨江县（M）>总研究区（T）>澜沧县（L）。其中，澜沧县（L）的 Shannon 指数（H_t）最大，为 1.616，但该区域内各样地 H_t 的离散程度最小；墨江县（M）的 Shannon 指数（H_t）最小，为 1.514；思茅区（P）的 Shannon 指数

(H_t) 与总研究区 (T) 的 Shannon 指数 (H_t) 最为接近，分别为 1.564 和 1.563，但思茅区 (P) 内各样地 H_t 的离散程度最大。经过分析，三个研究区 (M、P、L) 以及总研究区 (T) 之间的 Shannon 指数均值 (H_t) 差异不显著。

就样地内思茅松的 Shannon 指数 (H_p) 而言，墨江县 (M)、思茅区 (P)、澜沧县 (L) 以及总研究区 (T) 的 Shannon 指数 (H_p) 的大小关系为：澜沧县 (L) > 总研究区 (T) > 思茅区 (P) > 墨江县 (M)；离散程度大小关系为：思茅区 (P) > 总研究区 (T) > 澜沧县 (L) > 墨江县 (M)。其中，澜沧县 (L) 的 Shannon 指数 (H_p) 最大，为 1.746；墨江县 (M) 的 Shannon 指数 (H_p) 最小，为 1.592，而且该区域内各样地 H_p 的离散程度也最小；思茅区 (P) 内各样地 (H_p) 的离散程度最大。经过分析，思茅区 (P)、墨江县 (M) 和总研究区 (T) 之间的 Shannon 指数 (H_p) 差异不显著。思茅区 (P)、澜沧县 (L) 和总研究区 (T) 之间的 Shannon 指数 (H_p) 差异也不显著。但是，墨江县 (M) 与澜沧县 (L) 之间的 Shannon 指数 (H_p) 差异显著 $(P<0.05)$。

就样地内其他树种的 Shannon 指数 (H_o) 而言，墨江县 (M)、思茅区 (P)、澜沧县 (L) 以及总研究区 (T) 的 Shannon 指数 (H_o) 的大小关系为：思茅区 (P) > 澜沧县 (L) > 总研究区 (T) > 墨江县 (M)；离散程度大小关系为：墨江县 (M) > 总研究区 (T) > 澜沧县 (L) > 思茅区 (P)。三个研究区 (M、P、L) 以及总研究区 (T) 的 Shannon 指数 (H_o) 与其离散程度呈完全相反的态势。其中，思茅区 (P) 的 Shannon 指数 (H_o) 最大，为 1.004，但该区域内各样地 H_o 的离散程度最小；墨江县 (M) 的 Shannon 指数 (H_o) 最小，为 0.671，但该区域内各样地 H_o 的离散程度最大。经过分析，思茅区 (P)、澜沧县 (L) 和总研究区 (T) 之间的 Shannon 指数 (H_o) 差异不显著。墨江县 (M)、澜沧县 (L) 和总研究区 (T) 之间的 Shannon 指数 (H_o) 差异也不显著。但是，思茅区 (P) 与墨江县 (M) 之间的 Shannon 指数 (H_o) 差异显著 $(P<0.05)$。

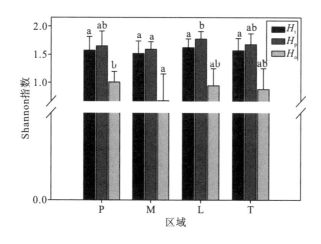

图 5.2　Shannon 指数在区域间的差异

注：不同的小写字母表示差异显著 $(P<0.05)$。后同。

5.1.2.2　Simpson 指数在区域间的差异

计算样地内总体、思茅松和其他树种的 Simpson 指数并分析不同区域多样性指数的差异，结果见图 5.3。就样地总体的 Simpson 指数 (D_t) 而言，墨江县 (M)、思茅区 (P)、澜沧县 (L) 以及总研究区 (T) 的 Simpson 指数 (D_t) 的大小关系为：澜沧县 (L) >总研究区 (T) >墨江县 (M) >思茅区 (P)；离散程度大小关系为：思茅区 (P) >墨江县 (M) >总研究区 (T) >澜沧县 (L)。三个研究区 (M、P、L) 以及总研究区 (T) 的 Simpson 指数 (D_t) 与其离散程度呈完全相反的态势。其中，澜沧县 (L) 的 Simpson 指数 (D_t) 最大，为 0.737，但该区域内各样地 D_t 的离散程度最小；思茅区 (P) 的 Simpson 指数 (D_t) 最小，但该区域内各样地 D_t 的离散程度最大；墨江县 (M) 的 Simpson 指数 (D_t) 与总研究区 (T) 的 Simpson 指数 (D_t) 基本相等。经过分析，三个研究区 (M、P、L) 以及总研究区 (T) 之间的 Simpson 指数 (D_t) 差异不显著。

就样地内思茅松的 Simpson 指数 (D_p) 而言，墨江县 (M)、思茅区 (P)、澜沧县 (L) 以及总研究区 (T) 的 Simpson 指数 (D_p) 的大小关系为：澜沧县 (L) >总研究区 (T) >墨江县 (M) >思茅区 (P)；离散程度大小关系为：思茅区 (P) >总研究区 (T) >墨江县 (M) >澜沧县 (L)。Simpson 指数 (D_p) 在三个研究区 (M、P、L) 以及总研究区 (T) 呈相似的变化趋势，但是其离散程度大小关系却不相同。其中，澜沧县 (L) 的 Simpson 指数 (D_p) 最大，为 0.806，但该区域内各样地 D_p 的离散程度最小；思茅区 (P) 的 Simpson 指数 (D_p) 最小，为 0.754，但该区域内各样地 D_p 的离散程度最大。经过分析，三个研究区 (M、P、L) 以及总研究区 (T) 之间的 Simpson 指数 (D_p) 差异不显著。

就样地内其他树种的 Simpson 指数 (D_o) 而言，墨江县 (M)、思茅区 (P)、澜沧县 (L) 以及总研究区 (T) 的 Simpson 指数 (D_o) 的大小关系为：澜沧县 (L) >思茅区 (P) >总研究区 (T) >墨江县 (M)；离散程度大小关系为：墨江县 (M) >总研究区 (T) >澜沧县 (L) >思茅区 (P)。其中，澜沧县 (L) 的 Simpson 指数 (D_o) 最大，为 0.522；墨江县 (M) 的 Simpson 指数 (D_o) 最小，为 0.339，但该区域内各样地 D_o 的离散程度最大。经过分析，思茅区 (P)、墨江县 (M) 和总研究区 (T) 之间的 Simpson 指数 (D_o) 差异不显著。思茅区 (P)、澜沧县 (L) 和总研究区 (T) 之间的 Simpson 指数 (D_o) 差异也不显著。但是，墨江县 (M) 与澜沧县 (L) 之间的 Simpson 指数 (D_o) 差异显著 $(P<0.05)$。

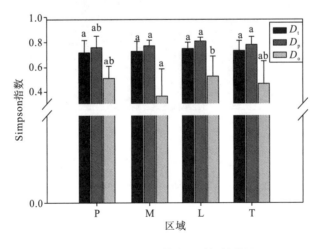

图 5.3 Simpson 指数在区域间的差异

5.1.2.3　断面积 Gini 指数在区域间的差异

计算样地内总体、思茅松和其他树种的断面积 Gini 指数并分析不同区域多样性指数的差异，结果见图 5.4。就样地总体的断面积 Gini 指数(G_t)而言，墨江县(M)、思茅区(P)、澜沧县(L)以及总研究区(T)的断面积 Gini 指数(G_t)的大小关系为：思茅区(P)>澜沧县(L)>总研究区(T)>墨江县(M)；离散程度大小关系为：澜沧县(L)>思茅区(P)>总研究区(T)>墨江县(M)。其中，思茅区(P)的断面积 Gini 指数(G_t)最大，为 0.535；墨江县(M)的断面积 Gini 指数(G_t)最小，为 0.499，同时该区域内各样地(G_t)的离散程度也最小；澜沧县(L)的断面积 Gini 指数(G_t)与总研究区(T)的断面积 Gini 指数(G_t)较为接近，分别为0.520 和 0.518。经过分析，三个研究区(M、P、L)以及总研究区(T)之间的断面积 Gini 指数(G_t)差异不显著。

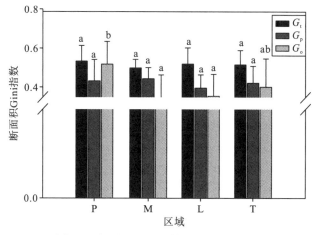

图 5.4　断面积 Gini 指数在区域间的差异

就样地内思茅松的断面积 Gini 指数(G_p)而言，墨江县(M)、思茅区(P)、澜沧县(L)以及总研究区(T)的断面积 Gini 指数(G_p)的大小关系为：墨江县(M)>思茅区(P)>总研究区(T)>澜沧县(L)；离散程度大小关系为：思茅区(P)>总研究区(T)>澜沧县(L)>墨江县(M)。其中，墨江县(M)的断面积 Gini 指数(G_p)最大，为 0.444，但该区域内各样地 G_p的离散程度最小；澜沧县(L)的断面积 Gini 指数(G_p)最小，为 0.398；思茅区(P)的断面积Gini 指数(G_p)与总研究区(T)的断面积 Gini 指数(G_p)几乎相等，但该区域内各样地 G_p的离散程度最大。经过分析，三个研究区(M、P、L)以及总研究区(T)之间的断面积 Gini指数(G_p)差异不显著。

就样地内其他树种的断面积 Gini 指数(G_o)而言，墨江县(M)、思茅区(P)、澜沧县(L)以及总研究区(T)的断面积 Gini 指数(G_o)的大小关系为：思茅区(P)>总研究区(T)>澜沧县(L)>墨江县(M)；离散程度大小关系为：总研究区(T)>墨江县(M)>思茅区(P)>澜沧县(L)。其中，思茅区(P)的断面积 Gini 指数(G_o)最大，为 0.519；墨江县(M)的断面积 Gini 指数

(G_o)最小，为 0.339；总研究区(T)内各样地 G_o 的离散程度最大；澜沧县内各样地 G_o 的离散程度最小。经过分析，墨江县(M)、澜沧县(L)和总研究区(T)之间的断面积 Gini 指数(G_o)差异不显著。思茅区(P)、总研究区(T)之间的断面积 Gini 指数(G_o)差异也不显著。但是，思茅区(P)与墨江县(M)、澜沧县(L)之间的断面积 Gini 指数(G_o)差异显著$(P<0.05)$。

5.2 思茅松天然林林分直径大小多样性变化的环境解释

5.2.1 思茅松天然林林分直径大小多样性与环境因子的相关性分析

5.2.1.1 林分因子对思茅松天然林林分直径大小多样性变化的影响

从林分直径大小多样性指数随地位指数(SI)的拟合曲线变化趋势［图 5.5(a)～(c)］和表 5.1 来看，各指数的曲线拟合效果显著性各有不同。三个 Shannon 指数 H_t、H_p 和 H_o 与地位指数均为极显著的相关关系$(P<0.01)$，它们与地位指数拟合曲线的 R^2 分别为 0.1957、0.2018 和 0.3945，其中 H_o 的拟合效果最好。三个 Simpson 指数 D_t、D_p 和 D_o 与地位指数拟合曲线的 R^2 分别为 0.13、0.1134 和 0.3879，其中 D_o 的拟合效果最好，而且 D_o 与地位指数存在极显著的相关性$(P<0.01)$，D_p 与地位指数存在显著相关性$(0.01<P<0.05)$，D_t 与地位指数则不存在显著的相关性。三个断面积 Gini 指数 G_t、G_p 和 G_o 与地位指数拟合曲线的 R^2 分别为 0.1955、0.1964 和 0.1309，其中 G_o 的拟合效果最差，同时它与地位指数的相关性不显著，G_t、G_p 与地位指数均显著相关$(P<0.05)$。对各拟合方程各参数进行 t 检验，除 H_t 和 G_o 外其余方程的概率水平(Sig.t)都达到显著性水平，支持上述结果。在研究的样地范围内，根据曲线形式，D_t、H_o、D_o 以及 G_o 都是随着地位指数的升高呈先增大后减小的变化趋势；H_t、H_p 和 D_p 随地位指数增加呈逐渐增加的趋势；G_t 随着地位指数增加呈先减小后增加的趋势，而 G_p 则呈现出对地位指数增加而逐渐减小的趋势。

从林分直径大小多样性指数随林分密度指数(SDI)的拟合曲线变化趋势［图 5.5(d)～(f)］和表 5.1 来看，各指数的曲线拟合效果显著性各有不同。H_t 和 D_t 与林分密度指数存在显著相关性$(0.01<P<0.05)$，H_p 和 D_p 与林分密度指数存在极显著的相关性$(P<0.01)$。它们的拟合曲线的 R^2 分别为 0.1279(H_t)、0.1054(D_t)、0.1995(H_p) 和 0.1451(D_p)，拟合曲线的 R^2 较为理想。G_t、G_p、H_o、D_o 以及 G_o 与林分密度指数的相关性经检验不显著$(P>0.05)$，曲线拟合的效果也不理想，但最好的 R^2 为 0.1001(H_o)，其余四个指数拟合曲线 R^2 均小于 0.06。曲线拟合最差的为 G_t，R^2 仅为 0.0043。对各拟合方程各参数进行 t 检验，除 H_t、D_t、H_p 和 D_p 外其余方程的概率水平(Sig.t)都未达到显著性水平，支持上述结果。在研究的样地范围内，根据曲线的形式，H_t、D_t、H_p、D_p 以及 G_t 都是随着林分密度指数的增加呈现出逐渐增大的趋势；H_o 和 D_o 则随着林分密度指数的增加呈现出先减小后增大的趋势；G_p 和 G_o 随着林分密度指数增加呈现出逐渐减小的趋势。从上述分析可知：林分因子对思茅松林分直径大小多样性有显著影响。

表 5.1　林分因子与林分直径大小多样性指数相关关系表

指标	H_t	D_t	G_t	H_p	D_p	G_p	H_o	D_o	G_o
Age	0.353*	0.166	0.460**	0.400**	0.276	-0.380**	0.327*	0.286	0.236
YBD	-0.279	-0.431**	0.370*	-0.115	-0.201	-0.169	0.154	0.157	0.06
H_m	0.478**	0.340*	0.281	0.573**	0.476**	-0.500**	0.536**	0.547**	0.141
H_t	0.386**	0.243	0.328*	0.460**	0.353*	-0.411**	0.564**	0.570**	0.227
D_m	0.927**	0.790**	-0.067	0.689**	0.611**	-0.453**	0.443**	0.385**	0.10
SDI	0.365*	0.334*	0.077	0.468**	0.404**	-0.138	-0.224	-0.144	-0.20
SI	0.390**	0.246	0.325*	0.463**	0.355*	-0.411**	0.566**	0.571**	0.226

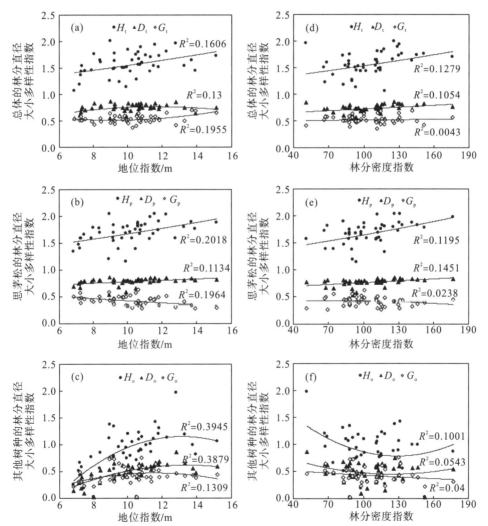

图 5.5　林分直径大小多样性指数随林分密度指数和地位指数的变化趋势

注：图(a)～(c)为地位指数；(d)～(f)为林分密度指数。

5.2.1.2　地形因子对思茅松天然林林分直径大小多样性变化的影响

从林分直径大小多样性指数随海拔的拟合曲线变化趋势［5.6(a)～(c)］和表 5.2 来看，各指数的曲线拟合效果显著性各有不同。其中，样地内其他树种的 Shannon 指数、Simpson 指数和断面积 Gini 指数[图 5.6(c)]的曲线拟合效果比另外 6 个指数好($R^2>0.2$)。样地总体的 Simpson 指数(D_t)随海拔变化的拟合曲线效果最差($R^2=0.0051$)，而且在研究区范围内，H_o、D_o 和 G_o 都是随着海拔的增加呈减小的趋势，且与海拔均呈极显著的相关性($P<0.01$)。说明样地内其他树种随着海拔的增加，直径大小多样性减小。H_p、D_p、G_p 以及 G_t 的拟合曲线均表现出随海拔的升高呈先减小后增加的趋势；H_t 与 D_t 随着研究区海拔的增加呈减小的趋势，但它们与海拔的曲线拟合的效果不好。G_t 与海拔存在显著的相关性($0.001<P<0.005$)，除 G_t 外的 5 个直径大小多样性指数与海拔变化的相关性不显著($P>0.05$)，其原因可能是思茅松的海拔分布范围比较集中，但是它们随海拔的变化趋势是一致的，说明在海拔趋势上，样地林分直径大小多样性变化与思茅松直径大小多样性变化一致。对各拟合方程各参数进行 t 检验，H_o、D_o、G_o 和 G_t 的拟合方程的概率水平(Sig.t)都达到显著性水平，其余指数拟合方程参数未达到显著水平，支持上述结果。

从林分直径大小多样性指数与坡向(ASPD)的拟合曲线变化趋势［图 5.6(d)～(f)］和表 5.2 来看，各指数的曲线拟合效果均不理想。拟合效果最好的为样地内其他树种的 Shannon 指数(H_o)，R^2 为 0.2024；拟合效果最差的是样地内其他树种的 Gini 指数(G_o)，R^2 仅为 0.0084；与坡向存在显著相关($0.01<P<0.05$)关系的 H_t 和 D_t 拟合曲线的 R^2 分别为 0.1099 和 0.1138。但其余 7 个指数与坡向均不存在显著的相关性。除 H_o 和 D_o 外，三个断面积 Gini 指数的拟合曲线的 R^2 均小于 0.05。对各拟合方程各参数进行 t 检验，H_t、D_t 拟合方程的概率水平(Sig.t)都达到显著性水平，其余指数拟合方程参数未达到显著水平，支持上述结果。从拟合曲线的形式上，各指数的变化也各有不同，H_o、D_o、G_o 和 G_t 的曲线形式是一致的，均是随着坡向增加呈先减小后增大的趋势；H_p、D_t、D_p 和 H_t 的曲线形式一致，均随着坡向增加呈现多样性指数逐渐减小的趋势；G_p 在研究的样地范围内呈现出随坡向增大先增大后减小的趋势。

表 5.2　地形因子与林分直径大小多样性指数相关关系表

指标	H_t	D_t	G_t	H_p	D_p	G_p	H_o	D_o	G_o
Slo	0.236	0.259	−0.271	0.013	0.152	−0.175	−0.041	−0.117	−0.069
ASPD	−0.318*	−0.338*	0.024	−0.243	−0.282	−0.077	−0.236	−0.197	−0.031

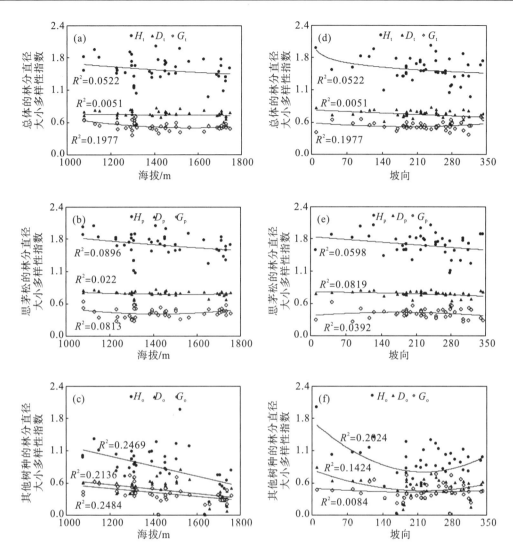

图 5.6　林分直径大小多样性指数在海拔和坡向上的变化趋势

注：图(a)～(c)为海拔；(d)～(f)为坡向。

5.2.1.3　土壤因子对思茅松天然林林分直径大小多样性变化的影响

从林分直径大小多样性指数与速效钾(SK)的拟合曲线变化趋势［图 5.7(d)～(f)］和表 5.3 来看，各指数的曲线拟合效果显著性各有不同。其中，H_t、H_p、D_t、D_p 曲线的拟合效果在 9 个指数中的效果较好($R^2>0.3$)，G_t 和 G_o 的曲线拟合效果较差($R^2<0.8$)。其中，H_t 的拟合效果最好，R^2 达到 0.3833；G_o 的拟合效果最差，R^2 仅为 0.0099。同时，经分析发现土壤速效钾(SK)与 Shannon 指数和 Simpson 指数相关性均显著($P<0.05$)。其中与 H_t、H_p 和 D_t 呈极显著的相关性($P<0.01$)，而与 Gini 指数的相关性则不显著($P>0.05$)。对各拟合方程各参数进行 t 检验，H_t、D_t、H_p 和 D_p 方程的概率水平(Sig.t)都达到显著性水平，支持上述结果。从图上可以看出，45 块样地中接近 3/4 的样地速效钾(SK)的含量低于

123mg/kg 土，在这个范围内，H_t、H_p、D_t、D_p、H_o 和 D_o 的拟合曲线均是随着速效钾（SK）的含量上升而逐渐增加，G_t、G_p 的拟合曲线呈现逐渐降低的趋势；在土壤速效钾（SK）含量大于 123mg/（kg 土）的时候，3 个 Shannon 指数和 Simpson 指数的拟合曲线均随 SK 含量增加呈减少的趋势，G_t、G_p 则呈现出相反的趋势，而样地内其他树种的断面积 Gini 指数（G_o）则是随着样地内速效钾（SK）的含量升高呈逐渐增加的趋势。

从林分直径大小多样性指数与土壤全氮（TN）的拟合曲线变化趋势［图 5.7(a)～(c)］和表 5.3 来看，各指数的曲线拟合效果显著性各有不同。曲线拟合效果最好的为样地内思茅松的 Simpson 指数（D_p），R^2 为 0.3518；H_t、H_p 和 D_t 随全氮（TN）变化的拟合曲线效果较好，R^2 分别达到 0.1175、0.2137 和 0.3513；其余 5 个指数的曲线拟合的 R^2 均小于 0.09，拟合效果较差，其中拟合效果最差的为 H_o，R^2 仅为 0.0099。H_t 与 D_t 与土壤全氮存在显著的相关性（$0.01<P<0.05$）；H_p 与 D_p 与土壤全氮（TN）存在极显著的相关性（$P<0.01$），其余指数与土壤全氮（TN）相关性均不显著。对各拟合方程各参数进行 t 检验，H_t、D_t、H_p 和 D_p 方程的概率水平（Sig.t）都达到显著性水平，而其余 5 个方程参数检验未达到显著性水平，支持上述结果。各拟合曲线的形式也有所不同，H_t、H_p 和 D_t 随土壤中全氮（TN）百分比的升高呈逐渐增大的趋势，D_p 则随土壤全氮百分比升高呈先增大后减小的趋势；H_o、D_o、G_t、G_p 以及 G_o 则是随着土壤中全氮（TN）的百分比的升高呈先减小后增大的趋势。

表 5.3　土壤因子与林分直径大小多样性指数相关关系表

指标	H_t	D_t	G_t	H_p	D_p	G_p	H_o	D_o	G_o
pH	0.051	−0.071	0.246	0.04	−0.135	0.154	0.184	0.106	0.502**
OM	0.148	0.160	−0.119	0.298*	0.258	−0.073	−0.006	0.041	−0.274
TN	0.299*	0.321*	−0.12	0.415**	0.415**	−0.086	0.084	0.118	−0.258
TP	0.252	0.265	−0.058	0.422**	0.484**	−0.170	−0.122	−0.032	−0.595**
TK	0.300*	0.192	0.296*	0.260	0.181	0.043	0.448**	0.412**	0.266
HN	0.173	0.205	−0.036	0.343*	0.296*	0.072	0.083	0.161	−0.199
YP	0.119	0.122	0.011	0.216	0.201	−0.289	0.067	0.084	−0.023
SK	0.470**	0.391**	0.071	0.496**	0.364*	0.078	0.375*	0.373*	0.092

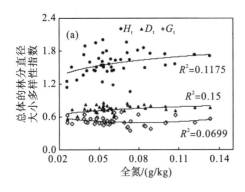

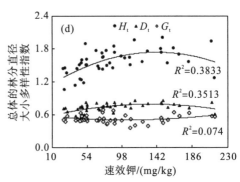

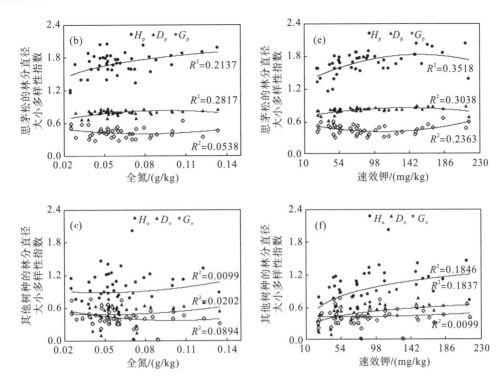

图 5.7　林分直径大小多样性指数随全氮和速效钾的变化趋势

注：图(a)～(c)为全氮；(d)～(f)为速效钾。

5.2.1.4　气候因子对思茅松天然林林分直径大小多样性变化的影响

从林分直径大小多样性指数与年均温(bio1)的拟合曲线变化趋势［图 5.8(a)～(c)］和表 5.4 来看，各指数的曲线拟合效果显著性各有不同。从曲线的拟合效果 R^2 看，拟合效果均不好，R^2 最高的为样地内思茅松的断面积 Gini 指数(G_p)，达到 0.0301；样地总的 Shannon 指数(H_t)拟合曲线的 R^2 次之，为 0.0276；其余多样性指数的拟合曲线的 R^2 均小于 0.01。其中，样地内思茅松的 Shannon 指数(H_p)的 R^2 最低，仅为 0.0014。H_t、D_t 和 G_p 随着年均温的增加呈先增大后减小的单峰曲线的变化趋势；H_p、D_p、D_o、G_t 随年均温变化呈先减小后增加的趋势；H_o 在研究的年均温变化范围内随年均温增大呈增大的趋势；G_o 则是随着年均温的增加呈减小的趋势。根据各指数与年均温的显著性检验表发现，9 个指数与年均温的相关性均不显著，同时各指数随年均温的变化趋势曲线拟合效果不好，说明研究区范围内，年均温对思茅松天然林直径大小多样性影响不显著。对各拟合方程各参数进行 t 检验，所有指数的拟合曲线方程的概率水平(Sig.t)均未达到显著性水平，支持上述结果。

从林分直径大小多样性指数与最冷季降雨量(bio19)的拟合曲线变化趋势［图 5.8(d)～(f)］和表 5.4 来看，各曲线的拟合效果的显著性各有不同。仅有 H_t 和 D_t 的曲线拟合 R^2 大于 0.1，其中 H_t 的拟合效果最好，R^2 达到 0.1846；G_p 的曲线拟合效果最差，R^2 仅为 0.0082。

从直径大小多样性指数随最冷季降雨量拟合曲线的变化趋势上看，9 个指数均随最冷季降水的增加呈先增加后减小的趋势。从各指数与最冷季降雨量的相关性分析表中可以看出，只有 G_t、D_t 和 H_t 与最冷季降雨量存在显著的相关性($P<0.05$)。其中，H_t 与最冷季降雨量呈现极显著的相关性($P<0.01$)。样地内思茅松和样地内其他树种的 Shannon、Simpson 和断面积 Gini 指数与最冷季降雨量的相关性显著，这说明最冷季降水在研究区内对样地整体的林分直径大小多样性的影响比样地内思茅松和其他树种的影响大。对各拟合方程各参数进行 t 检验，H_t、D_t 和 G_t 的拟合方程的概率水平(Sig.t)都达到显著性水平，其余指数拟合方程参数未达到显著水平，支持上述结果。

表 5.4　气候因子与林分直径大小多样性指数相关关系表

指标	H_t	D_t	G_t	H_p	D_p	G_p	H_o	D_o	G_o
bio1	0.077	0.049	-0.039	0.024	-0.043	0.169	0.051	0.071	-0.045
bio2	0.179	0.124	-0.128	0	-0.078	0.096	0.042	0.025	-0.041
bio3	0.289	0.234	-0.23	0.073	0	0.022	0.067	0.03	-0.058
bio4	-0.363*	-0.311*	0.281	-0.138	-0.074	0.049	-0.086	-0.035	0.059
bio5	0.113	0.078	-0.07	0.023	-0.05	0.149	0.051	0.062	-0.045
bio6	0.059	0.055	-0.022	0.086	0.035	0.154	0.07	0.105	-0.046
bio7	0.134	0.082	-0.095	-0.03	-0.106	0.118	0.027	0.017	-0.037
bio8	-0.04	-0.051	0.057	-0.012	-0.065	0.199	0.029	0.07	-0.032
bio9	0.10	0.071	-0.056	0.039	-0.033	0.154	0.05	0.068	-0.05
bio10	-0.018	-0.032	0.04	-0.004	-0.06	0.194	0.034	0.072	-0.035
bio11	0.149	0.114	-0.103	0.051	-0.024	0.137	0.057	0.064	-0.056
bio12	0.144	0.082	-0.12	-0.065	-0.133	0.071	-0.02	-0.05	-0.048
bio13	-0.348*	-0.352*	0.256	-0.283	-0.278	0.162	-0.17	-0.136	0.015
bio14	-0.360*	-0.307*	0.243	-0.155	-0.079	-0.03	-0.108	-0.072	0.05
bio15	-0.307*	-0.272	0.25	-0.141	-0.076	-0.027	-0.093	-0.066	0.055
bio16	-0.332*	-0.338*	0.242	-0.282	-0.267	0.12	-0.175	-0.153	0.021
bio17	-0.394**	-0.344*	0.296*	-0.165	-0.111	0.09	-0.113	-0.054	0.039
bio18	-0.313*	-0.289	0.260	-0.236	-0.194	-0.011	-0.065	-0.046	0.118
bio19	-0.396**	-0.347*	0.296*	-0.169	-0.115	0.09	-0.117	-0.059	0.037

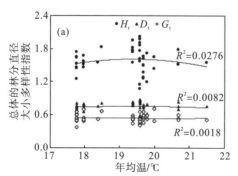

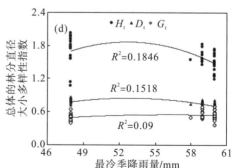

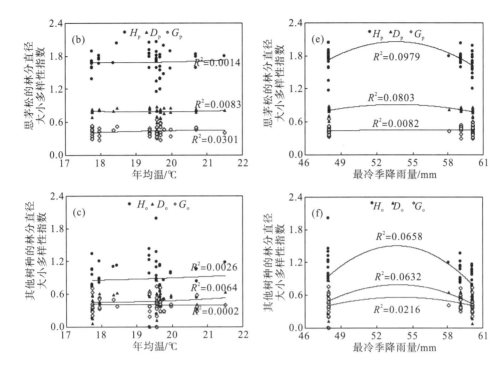

图 5.8 林分直径大小多样性指数在年均温和最冷季降雨量上的变化趋势

注：图(a)~(c)为年均温，(d)~(f)为最冷季降雨量。

5.2.2 林分直径大小多样性的 CCA 排序分析

5.2.2.1 多样性指数 CCA 排序分析

从表 5.5 中可以看出，通过分别采用气候、地形、土壤和林分因子与林分直径大小多样性指数的 CCA 排序分析，各类环境因子的 CCA 排序结果较好，林分、地形、土壤和气候因子排序的第一排序轴分别解释了直径大小多样性变化信息的 76.4%、92.0%、64.4%和 58.6%。前两个排序轴也分别累积解释其变化的 95.4%、97.3%、88.5%和 81.1%。可见排序的前两轴，尤其是第一轴较好地反映了林分直径大小多样性指数随各类环境因子的变化；且从排序解释的信息量看，地形因子解释了最高的直径大小多样性变化信息，林分因子次之，气候因子最小。

5.2.2.2 林分因子与林分直径大小多样性指数 CCA 排序分析

从表 5.6 可以看出，林分优势高与排序轴第一轴具有最大相关性，为-0.4180，林分平均高次之，除林分密度指数外，其余林分因子均与第一轴呈现负相关；林分平均高与第二轴呈现最大的相关性，为-0.4391；而林分年龄与第三轴有最大的负相关性。可见，对林木直径多样性指数影响比较大的林分因子有林分平均高、林分优势高和林分年龄。

表 5.5　环境因子 CCA 排序重要参数表

环境因子	参数	AX1	AX2	AX3
林分	CPVSD	22.3	27.8	28.7
	CPVSER	76.4	95.4	98.4
地形	CPVSD	16.6	17.6	18.1
	CPVSER	92.0	97.3	100.0
土壤	CPVSD	16.5	22.6	24.7
	CPVSER	64.4	88.5	96.7
气候	CPVSD	6.1	8.4	9.6
	CPVSER	58.6	81.1	92.1

注：CPVSD：排序轴对多样性指数解释贡献率；CPVSER：排序轴对多样性指数环境关系解释贡献率；AX1、AX2、AX3 分别是第一、二、三排序轴。

表 5.6　CCA 排序轴林分因子与排序轴关联系数表

林分因子	AX1	AX2	AX3
Age	−0.2052	−0.1887	−0.4090
YBD	−0.2722	0.1261	−0.1440
H_m	−0.3696	−0.4391	−0.1426
H_t	−0.4180	−0.3114	−0.1433
SDI	0.2108	−0.2568	−0.1529
SI	−0.3529	−0.2227	0.2505

　　根据前两轴绘制的二维排序图(图 5.9)可以看出，由第一轴从左至右，郁闭度、林分优势高和林分平均高等因子逐渐降低，林分密度指数逐渐增加；第二轴从下往上，随着林分密度指数、林分优势高、林分平均高等逐渐下降，郁闭度有上升的趋势。H_t 和 D_t 以及

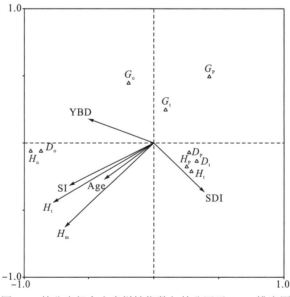

图 5.9　林分直径大小多样性指数与林分因子 CCA 排序图

H_p 和 D_p 聚集在一起，说明林分直径大小多样性与思茅松直径大小多样性变化趋势相似，它们在相似的林分条件下取得最大值，即林分优势高、林分平均高最小，林分密度指数中等的林分条件；三个断面积 Gini 指数并没有体现出类似的规律性。

5.2.2.3　地形因子与林分直径大小多样性指数 CCA 排序分析

从表 5.7 可以看出，三个地形因子与 CCA 第一轴均呈现负相关，且海拔（Alt）为最大负相关（-0.4675），而坡度与第二轴呈现最大的正相关（0.3066），同时前两轴的解释量为97.3%（表 5.5），说明第一轴与第二轴很好地拟合了海拔、坡度与林分直径多样性指数的关系。根据前两轴绘制的二维排序图（图 5.10），第一轴从左至右，三个因子均呈下降趋势，第二轴从下往上，坡向下降、坡度不断升高；H_t 和 D_t 以及 H_p 和 D_p 聚集在一起，表明样地直径大小多样性与思茅松的直径大小多样性变化趋势相似，它们均在相似的环境下取得最大值，即海拔、坡度偏小以及最小坡向的条件下；G_t 和 G_p 受坡向影响较大。

表 5.7　CCA 排序轴地形因子与排序轴关联系数表

地形因子	AX1	AX2	AX3
Alt	-0.4675	-0.0183	-0.0452
Slo	-0.1313	0.3066	0.0044
ASPD	-0.0865	-0.1072	0.2082

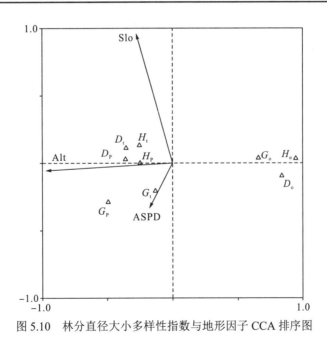

图 5.10　林分直径大小多样性指数与地形因子 CCA 排序图

5.2.2.4　土壤因子与林分直径大小多样性指数 CCA 排序分析

从表 5.8 中可以看出，与 CCA 第一轴存在最大相关性的土壤因子是全磷（TP），达到

−0.3301，其次是全钾（TK）为 0.3188，说明第一排序轴反映了林分直径大小多样性指数随土壤全磷和全钾的变化；与 CCA 第二轴存在最大相关性的土壤因子是全磷（TP），达到 −0.4004，此外，土壤速效钾和全氮相关系数也较高，均在 0.30 以上，且均呈负相关。可见，思茅松林分直径大小多样性指数主要受到全磷、全氮、速效钾的影响。

表 5.8　CCA 排序轴土壤因子与排序轴关联系数表

土壤因子	AX1	AX2	AX3
pH	0.2597	0.2331	0.0865
OM	−0.1178	−0.2598	−0.0222
TN	−0.0945	−0.3422	0.0447
TP	−0.3301	−0.4004	−0.0821
TK	0.3188	−0.2613	0.0315
HN	−0.0321	−0.2858	−0.1076
YP	0.0171	−0.1733	0.1972
SK	0.1822	−0.3535	0.0533

　　根据前两轴绘制二维排序图（图 5.11），沿 CCA 第一轴从左至右，全磷的含量逐渐降低，全钾含量逐渐升高；沿着 CCA 第二轴从下到上，全磷、全氮和土壤有机质等土壤养分含量逐渐降低，土壤 pH 逐渐增大。H_t 和 D_t 以及 H_p 和 D_p 聚集在一起，表明样地直径大小多样性与思茅松直径大小多样性变化趋势相似，它们均在相似的环境下取得最大值，即中等条件的全磷、全氮、有机质、钾和最小 pH 的土壤条件下；H_o 和 D_o 受全钾和速效钾的影响较大；三个断面积 Gini 指数都受土壤 pH 的影响比较大。

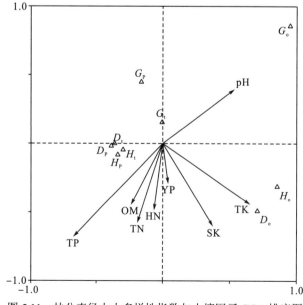

图 5.11　林分直径大小多样性指数与土壤因子 CCA 排序图

5.2.2.5 气候因子与林分直径大小多样性指数 CCA 排序分析

从表 5.9 中可以看出，19 个气候因子中，年降雨量(bio12)和最热季降雨量(bio18)与第一轴的相关性较高，其中前者为最大负相关(-0.0623)，后者为最大正相关(0.0634)；第二轴中，bio13、bio16、bio17、bio18、bio19 几个降水因子的相关性均大于 0.2。

根据前两轴绘制二维排序图(图 5.12)，第一轴从左至右，研究区等温性和年降雨量逐渐降低，最冷月最低温逐渐变大；沿着第二轴从下到上，温度的季节变化、降雨量最大、降雨量最小月、季节降水变异系数、最湿季降雨量、最干季降雨量和最冷最热季降雨量逐渐降低，最冷月最低温和等温性呈增加的趋势。H_t 和 D_t 以及 H_p 和 D_p 与最冷月最低温和等温性具有一定的相关性，即两者较大并且降水因子最小的条件下，四个指数达到最大值，同时四个指数在排序图上位置很近，表明林分直径大小多样性与思茅松直径大小多样性变化趋势相似。G_t 在最大月降雨量和最湿季降雨量呈中等水平时达到最大值，而 G_p 在最大月降雨量和最湿季降雨量最大时达到最大。H_o、D_o 和 G_o 并没有体现出类似的规律性。

表 5.9 CCA 排序轴气候因子与排序轴关联系数表

气候因子	AX1	AX2	AX3
bio1	0.0200	0.0299	0.1372
bio2	−0.0184	0.0496	−0.0024
bio3	−0.0379	0.1345	−0.0849
bio4	0.0476	−0.1933	0.1527
bio5	0.0097	0.0412	0.098
bio6	0.0398	0.0614	0.1703
bio7	−0.0156	0.0176	0.0228
bio8	0.0395	−0.0275	0.2091
bio9	0.0129	0.0433	0.1185
bio10	0.0371	−0.0152	0.1986
bio11	0.0014	0.068	0.0818
bio12	−0.0623	−0.0043	−0.0554
bio13	−0.0289	−0.2986	0.1459
bio14	0.0229	−0.1801	0.0848
bio15	0.0208	−0.1716	0.0683
bio16	−0.039	−0.2910	0.0977
bio17	0.0325	−0.2232	0.1888
bio18	0.0634	−0.2164	0.0298
bio19	0.0297	−0.2257	0.1882

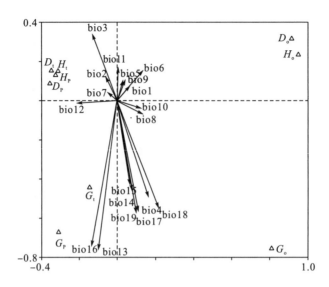

图 5.12　林分直径大小多样性指数与气候因子 CCA 排序图

5.3　讨　　论

　　选取 Shannon 指数、Simpson 指数和断面积 Gini 指数作为评价思茅松天然林林分直径多样性的指标，并分析 3 个指数在不同位点所存在的区域差异，同时基于相关性分析和生态学中的 CCA 排序方法分析林分、地形、土壤和气候因子对林内总体、思茅松和其他树种林分直径大小多样性的影响，这在思茅松林分直径的研究中较为少见。

　　本书中 3 个指数的分析指出，样地内思茅松直径径阶的丰富程度在一定程度上决定了样地整体的林分直径大小多样性，样地总体直径大小多样性与思茅松具有一定的一致性。同时经过差异性检验，H_o、D_o、G_o 和 H_p 在区域间存在显著差异（$P<0.05$），其主要原因是研究样地中的优势树种思茅松径阶呈现出较明显的正态分布，林内总体的胸径多样性变化在区域间的差异不大。

　　立地条件是影响林木生长的重要环境因素。温度与降水对林木生长的影响在众多气象因子中表现比较突出（高洪娜和高瑞馨，2014）。这与本研究中气候因子对林分直径大小多样性影响较为显著的结果基本一致。林分直径大小多样性指数与部分环境因子拟合曲线的 R^2 较小，但是两者在显著性检验中仍存在显著的相关性，原因可能是本书是针对单一树种思茅松进行研究，分布较集中，属于同一气候区，受到亚热带季风气候的影响，终年高温，年均温差异不大，而降水则分为明显的旱雨两季，分化比较明显。4 类环境因子中，地形因子最好地解释了林分直径多样性指数的变化。气候因子虽然与第一排序轴的相关性并不突出，但也解释了 58.6%的信息量。原因可能是 3 个研究位点处于一个地级市，在同一气候区内，但是不同位点地形的差异对林木生长的影响相对更为明显。

　　从林分总体、样地内思茅松和其他树种分析思茅松天然林林分直径大小多样性的变化以及区域间的差异，揭示了思茅松天然林林分直径结构规律，并结合相关性分析和生态学中的 CCA 排序方法分析了 36 个环境因子对林分直径大小多样性的影响,这种方法在思茅松林的研究中较为少见。这也从新的角度为思茅松林管理者根据森林抚育原则,通过抚育采伐、调整、优化思茅松林分直径结构提供了理论依据。同时,结合当地的立地条件和环境特点,实施科学的管理方法,改善思茅松林的生长环境,从而促进思茅松林生长。本书仅考虑了与距离无关的多样性测度方法,没有考虑空间效应对林分直径大小多样性的影响,同时 Shannon 指数的分组缺乏统一的标准(雷相东和唐守正,2002)。本研究选取的研究区较为典型,因此对其他区域的思茅松有待进一步的研究。此外,本书以 2cm 为径阶分组依据,没有其他考虑,而且仅考虑各类环境因子之间的差异性,忽略了环境因子之间的交互作用对林分直径大小多样性的影响,这在以后还需要更加深入的研究。

5.4　小　　结

引入 Shannon 指数、Simpson 指数和断面积 Gini 指数,分别分析了 45 块思茅松天然林样地总体、思茅松和其他树种林分直径大小多样性以及区域间存在的差异。同时基于相关性分析和生态学中的 CCA 排序方法分析了林分、地形、土壤和气候因子对林内总体、思茅松和其他树种林分直径大小多样性的影响。研究表明:

(1)采用三个与胸径有关的指数来描述思茅松林的林木直径大小多样性,结果表明:研究区内思茅松天然林林分直径大小多样性与样地内思茅松的林分直径大小多样性具有一致性,其他树种的林分直径大小多样性由于受到优势树种(思茅松)的影响,变动幅度较大,径阶不丰富。样地内林分直径大小多样性表现为:总体≥思茅松>其他树种。从 Shannon 指数上分析,说明样地内思茅松径阶级数比其他树种丰富,同时大部分样地内 H_p>H,说明思茅松的径阶丰富程度基本上就是林分总的径阶丰富程度;从 Simpson 指数分析说明样地内其他树种处于比较集中的胸径范围内;从断面积 Gini 指数分析,G_t 总体上比 G_p 和 G_o 大,说明样地内思茅松和其他树种的直径分布比较均匀,而总体的直径分布悬殊比较大。3 个位点的林分胸径多样性在一定程度上存在差异。其中,样地内其他树种的 Shannon 指数(H_o)、Simpson 指数(D_o)、断面积 Gini 指数(G_o),以及样地内思茅松的 Shannon 指数(H_p)在不同的区域间存在显著差异(P<0.05)。

(2)从林分直径大小多样性的环境解释来看,本研究中林分直径大小多样性指数与部分环境因子拟合曲线的 R^2 较小,但是两者在显著性检验中仍存在显著的相关性。林分密度指数与 Shannon 指数和 Simpson 指数具有显著关系,主要是由于林分密度影响胸径的生长,随着林分密度的增加,林分平均胸径减小,直径分布的离散程度增大;同时立地指数、郁闭度、林分优势高等对思茅松林分直径大小多样性也有一定程度的影响。地形因素中海拔、坡度与思茅松天然林林分直径大小多样性存在显著的相关性,说明这两个因子也是主要影响因素。土壤因子中土壤 pH、土壤有机质含量以及磷、钾和氮元素对思茅松天然林林分直径大小多样性影响较大。描述林分直径多样性的指标与降雨量基本呈比较显著的负相关关系，但是仅与几个温度因子呈明显的相关性，说明 CCA 排序分析较好地拟合了林分直径多样性与降水因子之间的相关关系。断面积 Gini 指数与最大月和最湿季降雨量相关关系较大；Shannon 指数和 Simpson 指数则与最热月均温和最冷月均温差、等温性和年降雨量等具有一定的相关性。

（3）CCA 排序分析结果较好地反映了林分直径大小多样性随环境因子的变化规律，且 4 类因子中，地形因子最好地解释了林分直径结构变化，与其他因子的 CCA 排序结果比较，气候因子与第一轴的相关性并不突出，但也解释了 58.6%的信息量，原因可能是 3 个研究点均处于一个地级市范围，气候表现一致，气温降水差异不大，而地形因素的相关性较突出。降水因素，海拔（Alt）、全磷（TP）、全钾（TK）和林分优势高（H_t）是林分、地形、土壤与气候因子中影响林分直径大小多样性的主要因素，H_t、H_p、D_t、D_p 随环境因子的变化趋势一致，思茅松天然林具有最大的 H_t、H_p、D_t、D_p 值时，它们在相同的林分、地形、土壤和气候因子条件，而其他树种的林分直径多样性指数以及 3 个断面积 Gini 指数的规律性不强。

参 考 文 献

白超，惠刚盈. 2016. 林木直径大小多样性量化测度指数的比较研究[J]. 林业科学研究，29(3)：340-347.

白晓航，张金屯，曹科，等. 2017. 河北小五台山国家级自然保护区森林群落与环境关系的研究[J]. 生态学报，37(11)：1-14.

陈宝瑞. 2007. 呼伦贝尔草原群落空间格局地形分异及环境解释[D]. 北京：中国农业科学院.

陈东来，秦淑英. 1994. 山杨天然林林分结构的研究[J]. 河北农业大学学报，(1)：36-43.

陈学群，朱配演. 1994. 不同密度30年生马尾松林分生产结构与现存量的研究[J]. 福建林业科技，(2)：19-23.

丁献华，毕润成，闫明. 2011. 基于CCA排序的霍山森林植物功能型划分[J]. 重庆师范大学学报(自然科学版)，28(1)：64-67.

董灵波，刘兆刚，李凤日，等. 2014. 大兴安岭主要森林类型林分空间结构及最优树种组成[J]. 林业科学研究，27(6)：734-740.

董文宇，邢志远，惠淑荣，等. 2006. 利用Weibull分布描述日本落叶松的直径结构[J]. 沈阳农业大学学报，37(2)：225-228.

范叶青，周国模，施拥军，等. 2013. 地形条件对毛竹林分结构和植被碳储量的影响[J]. 林业科学，49(11)：177-182.

高东启，邓华锋，程志楚，等. 2015. 基于度量误差模型方法建立的林分相容性树高曲线方程组[J]. 西北农林科技大学学报(自然科学版)，43(5)：65-70.

高洪娜，高瑞馨. 2014. 气象因子对树木生长量影响研究综述[J]. 森林工程，30(2)：6-9.

郭晋平. 2001. 森林景观生态研究[M]. 北京：北京大学出版社.

郭丽虹，李荷云. 2000. 桤木人工林林分胸径与树高的威布尔分布拟合[J]. 南方林业科学，(2)：26-27.

国红，雷渊才. 2016. 蒙古栎林分直径Weibull分布参数估计和预测方法比较[J]. 林业科学，52(10)：64-71.

贺梦璇，孟伟庆，李洪远，等. 2015. 基于排序分析法的北大港古泻湖湿地植被成带现象研究[J]. 南开大学学报(自然科学版)，(3)：99-103.

胡贝娟，张钦弟，张玲，等. 2013. 山西太岳山连翘群落优势种种间关系[J]. 生态学杂志，32(4)：845-851.

胡文力，亢新刚，董景林，等. 2003. 长白山过伐林区云冷杉针阔混交林林分结构的研究[J]. 吉林林业科技，32(3)：1-6.

胡艳波，惠刚盈. 2006. 优化林分空间结构的森林经营方法探讨[J]. 林业科学研究，19(1)：1-8.

黄家荣，孟宪宇，关毓秀. 2006. 马尾松人工林直径分布神经网络模型研究[J]. 北京林业大学学报，28(1)：28-31.

黄家荣. 2000. Weibull分布在马尾松人工林中的适用性研究[J]. 贵州林业科技，(1)：7-13.

黄兴召，许崇华，徐俊，等. 2017. 利用结构方程解析杉木林生产力与环境因子及林分因子的关系[J]. 生态学报，37(7)：2274-2281.

惠刚盈，胡艳波. 2001. 混交林树种空间隔离程度表达方式的研究[J]. 林业科学研究，14(1)：23-27.

蒋娴. 2013. 杉木人工林林分结构与生长模拟可视化研究[D]. 北京：中国林业科学研究院.

蒋云东，李思广，杨忠元，等. 2005. 土壤化学性质与思茅松人工幼林树高、地径的相关性研究[J]. 西部林业科学，34(3)：6-10.

晋瑜. 2005. 克拉玛依农业综合开发区外围荒漠植物群落分布及其物种多样性土壤环境解释[D]. 乌鲁木齐：新疆农业大学.

雷娜庆，刘洋，萨如拉，等. 2017. 大兴安岭兴安落叶松天然林结构特征[J]. 东北林业大学学报，45(3)：8-12.

雷相东，唐守正. 2002. 林分结构多样性指标研究综述[J]. 林业科学，38(3)：140-146.

雷相东. 2003. 林分结构多样性的信息熵度量研究：联合熵[J]. 林业科技管理，(增刊)：257.

李超，闫妍宇，胥辉，等.2016. 思茅松天然林林分直径大小多样性及环境解释[J]. 东北林业大学学报，44（11）：24-30.

李毅，孙雪新.1994. 甘肃胡杨林分结构的研究[J]. 干旱区资源与环境，（3）：88-95.

林贤山.2007. 杉木林林分郁闭度对南方红豆杉幼树生长的影响[J]. 林业勘察设计，（1）：150-152.

刘丹，高永刚，顾红，等.2007. 伊春林区影响3种主要林木生长量的气候因子分析[J]. 黑龙江气象，（4）：21-22.

刘奉强，张会儒，姜慧泉.2010. 林分空间结构异质性量化分析研究[J]. 林业资源管理，（1）：33-38.

刘小菊，苏静霞，石亮.2007.思茅松人工林生长与立地条件的关系研究[J]. 新疆农业职业技术学院学报，26（4）：142-145.

孟宪宇.1988. 使用Weibull函数对树高分布和直径分布的研究[J]. 北京林业大学学报，（1）：40-48.

孟宪宇.2006. 测树学[M]. 3版. 北京：中国林业出版社.

宁小斌，李永亮，刘晓农.2012. 基于Weibull分布的林分结构可视化模拟技术研究[J]. 中南林业调查规划，31（2）：13-17.

牛赟，刘明龙，马剑，等.2014. 祁连山大野口流域青海云杉林分结构分析[J]. 中南林业科技大学学报，（11）：23-28.

欧光龙，王俊峰，胥辉，等.2013. 思茅松天然林林分胸径与树高分布变化研究[J]. 广东农业科学，40（21）：54-57.

欧光龙，王俊峰，胥辉，等.2014. 思茅松天然林胸径与树高结构的变化[J]. 中南林业科技大学学报（自然科学版），34（1）：37-41.

舒树森，赵洋毅，段旭，等.2015. 基于结构方程模型的云南松次生林林木多样性影响因子[J]. 东北林业大学学报，43（10）：63-67.

王香春，张秋良，春兰，等.2011. 大青山落叶松人工林直径分布规律的研究[J]. 山东农业大学学报（自然科学版），42（3）：349-355.

王襄平.2006. 东北地区森林群落与气候的关系——分布、结构、多样性和生产力[D].北京：北京大学.

王鑫，刘钦，黄琴，等.2017. 崖柏群落优势种生态位及CCA排序分析[J]. 北京林业大学学报，39（8）：60-67.

西南林学院，云南省林业厅.1988. 云南树木图志[M]. 昆明：云南科技出版社.

向玮，雷相东，洪玲霞，等.2011. 落叶松云冷杉林矩阵生长模型及多目标经营模拟[J]. 林业科学，47（6）：77-87.

肖兴威.2004. 影响亚热带东部森林结构的因子分析[J]. 东北林业大学学报，32（5）：19-20.

胥辉，屈燕.2001. 思茅松天然次生林林分直径结构规律的研究[J]. 西南林业大学学报，21（4）：193-195.

许莎莎，孙国钧，刘慧明，等.2011. 黑河河岸植被与环境因子间的相互作用[J]. 生态学报，31（9）：2421-2429.

许善财.2015. 马尾松天然次生林林分结构规律研究[J]. 福建林业科技，（3）：107-109.

许彦红，杨宇明，杜凡，等.2004. 西双版纳热带雨林林分直径结构研究[J]. 西南林业大学学报，24（2）：16-18.

薛建辉.2006. 森林生态学[M]. 北京：中国林业出版社.

闫东锋，侯金芳，张忠义，等.2006. 宝天曼自然保护区天然次生林林分直径分布规律研究[J]. 河南科学，24（3）：364-367.

杨俊松，王德炉，吴春玉，等.2016. 地形因子对马铃乡马尾松人工林生长的影响[J]. 林业调查规划，41（1）：98-100.

杨利华，徐玉梅，杨德军，等.2013. 不同造林密度对思茅松中龄林生长量的影响[J]. 江苏林业科技，40（6）：43-46.

姚爱静，朱清科，张宇清，等.2005. 林分结构研究现状与展望[J]. 林业调查规划，30（2）：70-76.

姚能昌，段爱国，唐军荣.2012. 思茅松天然林林分直径结构动态变化[J]. 西南林业大学学报，32（2）：49-52.

云南森林编写委员会.1988. 云南森林[M]. 昆明：云南科技出版社&北京：中国林业出版社.

张建国，段爱国，童书振.2004. 林分直径结构模拟与预测研究概述[J]. 林业科学研究，17（6）：787-795.

张金屯.1992. 植被与环境关系的分析Ⅱ：CCA和DCCA限定排序[J]. 山西大学学报（自然科学版），（3）：292-298.

张金屯.2011. 数量生态学[M]. 北京：科学出版社.

张进献.2010. 辽河源自然保护区森林群落生长潜能及影响因子研究[D]. 北京：北京林业大学.

张连金，胡艳波，赵中华，等.2015. 北京九龙山侧柏人工林空间结构多样性[J]. 生态学杂志，34（1）：60-69.

张文辉，许晓波，周建云，等. 2005. 濒危植物秦岭冷杉种群数量动态[J]. 应用生态学报，16（10）：1799-1804.

张文勇. 2011. 思茅松人工幼龄林和中龄林直径分布规律的研究[J]. 安徽农业科学，39（13）：7736-7737.

郑超超，伊力塔，张超，等. 2015. 浙江江山公益林物种种间关系及 CCA 排序[J]. 生态学报，35（22）：7511-7521.

周彬，余新晓，陈丽华，等. 2010. 北京山区森林景观格局与环境关系的 CCA 研究[J]. 水土保持通报，30（6）：148-152.

周国强，陈彩虹，楚春晖，等. 2017. 大围山杉木人工林不同海拔直径分布研究[J]. 西北林学院学报，32（1）：86-91.

周永奇. 2014. 杉木生态公益林林分结构与林下植被多样性研究——以福寿林场为例[D]. 长沙：中南林业科技大学.

朱彪，陈安平，刘增力，等. 2004.广西猫儿山植物群落物种组成、群落结构及树种多样性的垂直分布格局[J]. 生物多样性，12（1）：44-52.

Braak C J F T. 1986. Canonical correspondence analysis：a new eigenvector method for multivariate direct gradient analysis[J]. Ecology，67：1167-1179.

Buongiorno J，Dahr S，Lu H C，et al. 1994. Tree size diversity and economic returns in uneven-aged forest stands[J]. Forest Science，40（1）：83-103.

Hernandezstefanoni J L，Pineda J B，Valdesvaladez G. 2006. Comparing the use of indigenous knowledge with classification and ordination techniques for assessing the species composition and structure of vegetation in a tropical forest[J]. Environmental Management，37（5）：686-702.

Macarthur R H，Macarthur J W. 1961. On bird species diversity[J]. Ecology，42（3）：594-598.

Moeur M. 1993. Characterizing spatial patterns of trees using stem-mapped data[J]. Forest Science，39（4）：756-775.

Lexerød N L，Eid T. 2006. An evaluation of different diameter diversity indices based on criteria related to forest management planning[J]. Forest Ecology & Management，222（1）：17-28.

Nishimura N，Hara T，Miura M，et al. 2003. Tree competition and species coexistence in a warm-temperate old-growth evergreen broad-leaved forest in Japan[J]. Plant Ecology，164（2）：235-248.

Pommerening A. 2002. Approaches to quantifying forest structures[J]. Forestry，75（3）：305-324.

Zhang W，Chun-Hou L I，Jia X P，et al. 2010. Research on spatial interpolation methods of Macrobenthic biomass[J]. Marine Science Bulletin，29（3）：351-356.

附　　表

附表 1　思茅松天然林林分结构峰度和偏度统计表

位点	样地号	所有树种				思茅松				其他树种			
		树高		胸径		树高		胸径		树高		胸径	
		偏度	峰度	偏度	峰度	偏度	峰度	偏度	峰度	偏度	峰度	偏度	峰度
墨江县	M1	0.739	-0.945	0.638	-0.677	0.270	-1.499	0.250	-1.191	1.064	1.193	0.887	0.651
	M2	0.384	-1.142	1.400	3.183	-0.053	-1.397	0.005	-1.466	1.007	0.320	2.566	7.481
	M3	-0.428	-0.687	0.316	-1.008	-0.420	-0.044	-0.054	-1.499	0.097	-1.385	0.198	-1.555
	M4	-0.236	-0.907	0.333	-0.624	-0.299	-0.761	0.304	-0.567	-1.190	1.500	1.012	-0.158
	M5	0.234	-0.924	1.457	1.681	-0.413	-0.492	0.808	0.060	-0.120	-0.440	1.450	2.178
	M6	0.710	-0.325	0.831	-0.363	0.253	-0.654	0.182	-0.819	0.717	1.467	2.481	8.330
	M7	0.174	-0.748	0.643	-0.490	0.146	-0.749	0.510	-0.615	0.162	-1.029	0.511	-0.609
	M8	-0.085	-0.866	0.367	-0.992	-0.139	-0.528	0.172	-0.999	-0.465	-1.185	0.881	-0.237
	M9	-0.541	-0.054	0.711	-0.159	-0.550	-0.189	0.676	-0.237	0.479	-1.542	1.082	-0.850
	M10	-0.034	-0.105	1.270	1.054	-0.423	0.959	0.546	-0.435	-0.467	-0.341	1.302	1.567
	M11	0.230	-0.003	0.735	-0.349	0.119	0.247	0.353	-0.750	0.105	1.355	1.213	1.421
	M12	0.192	-0.563	0.632	-0.563	0.033	-0.625	0.252	-0.866	-0.937	0.005	0.742	-0.286
	M13	-0.123	-0.808	1.080	0.877	-0.114	-0.986	0.886	0.561	-0.389	-0.158	1.897	4.102
	M14	-0.102	-0.776	1.020	0.152	-0.136	-0.805	0.627	-0.415	-0.412	-0.569	1.414	2.997
	M15	0.156	-0.790	0.721	-0.171	-0.197	0.181	0.290	0.001	0.305	-0.632	1.545	1.924
思茅区	P1	1.134	0.888	1.221	0.591	0.581	-0.339	-0.369	-0.099	0.723	0.817	1.555	3.177
	P2	0.909	-0.688	1.055	-0.180	0.213	-1.638	0.329	-1.286	2.056	4.467	3.074	10.265
	P3	0.816	-0.648	1.890	3.355	0.103	-0.086	0.900	-0.054	1.588	3.153	0.917	-0.133
	P4	1.071	0.405	2.355	5.704	0.451	-0.289	1.567	1.666	1.323	1.966	1.997	4.270
	P5	0.504	-0.945	1.097	1.058	-0.320	-0.548	0.976	1.485	1.021	0.026	1.831	3.173
	P6	0.567	-1.069	1.205	1.989	0.079	-1.414	0.011	-1.039	2.132	5.508	3.792	18.351

续表

位点	样地号	所有树种				思茅松				其他树种			
		树高		胸径		树高		胸径		树高		胸径	
		偏度	峰度	偏度	峰度	偏度	峰度	偏度	峰度	偏度	峰度	偏度	峰度
	P7	0.372	−1.459	0.772	−0.293	−0.717	−0.615	0.296	−0.485	1.761	4.003	1.707	3.612
	P8	0.247	−1.499	0.305	−1.273	−0.408	−1.109	−0.139	−1.044	1.607	2.855	1.909	3.028
	P9	−0.253	−0.612	1.448	3.388	−0.125	1.026	2.227	10.206	1.864	2.885	1.843	1.732
	P10	1.030	0.193	1.911	3.418	0.899	−0.093	1.509	1.601	2.192	5.069	1.819	1.928
	P11	26.000	2.358	2.357	6.728	1.325	2.765	2.466	6.998	1.073	0.263	1.515	1.920
	P12	1.268	0.579	1.705	2.752	1.063	−0.089	1.487	1.788	0.553	−0.896	1.371	0.879
	P13	1.086	0.910	2.720	9.940	0.833	0.652	1.347	1.564	1.884	3.462	3.717	15.591
	P14	−0.608	−1.452	0.251	−0.626	−1.849	2.623	0.003	0.592	1.275	−0.262	1.931	3.700
	P15	−0.443	−1.301	−0.183	−1.346	−0.906	−0.206	−0.504	−0.809	2.078	4.044	2.084	4.612
	L1	0.072	−0.744	1.239	2.045	−0.202	−0.346	0.921	1.166	0.121	−0.643	1.082	0.927
	L2	1.188	0.044	1.360	1.995	−0.410	−1.111	0.611	0.416	0.255	−0.302	1.547	3.545
	L3	0.879	0.078	1.524	2.979	0.179	−0.825	0.845	0.300	1.056	1.073	2.402	9.574
	L4	−0.477	−1.035	0.312	−0.988	−0.721	−0.654	0.028	−1.179	−0.026	−1.713	0.109	−1.860
	L5	−0.711	−0.235	0.147	0.349	−0.792	−0.037	0.101	0.347	0.000	0.000	0.000	0.000
	L6	−0.001	−1.219	0.759	−0.418	−0.303	−0.434	0.286	−0.867	1.167	2.454	1.011	0.714
澜沧县	L7	−0.218	−1.310	0.465	−0.703	−0.466	−0.954	0.237	−0.672	1.881	4.155	1.737	3.486
	L8	0.391	−0.818	1.048	0.299	0.158	−0.642	0.539	−0.778	1.505	3.086	2.527	7.744
	L9	0.571	−0.598	2.073	5.668	0.136	−0.777	1.417	2.663	0.642	−0.246	1.355	2.277
	L10	0.404	−1.308	0.889	−0.204	−0.418	−1.139	0.271	−0.817	1.072	2.835	2.836	12.756
	L11	0.562	−0.850	1.305	1.062	−0.130	−0.992	0.556	−0.291	0.067	−0.829	0.967	0.479
	L12	0.480	−0.549	1.264	1.058	−0.600	−0.355	0.181	−0.789	0.084	−0.684	1.119	0.945
	L13	1.269	0.780	1.475	1.387	0.369	−1.557	0.402	−0.491	0.862	0.338	1.289	1.433
	L14	1.388	0.959	1.835	2.414	0.432	−1.115	0.153	−0.693	0.834	0.391	1.600	3.703
	L15	1.216	0.224	1.724	2.246	−0.769	−0.186	0.374	−0.488	1.046	0.779	1.290	1.527

附表 2　思茅松天然林所有树种胸径 Weibull 拟合情况统计表

区域	样地号	参数			F	$PR > F$	MSE	R^2
		A	B	C				
墨江县	M1	82.069	0.073	1.541	1820.16	<0.0001	8.9771	0.9982
	M2	74.621	0.068	1.760	5796.14	<0.0001	5.0470	0.9989
	M3	39.076	0.044	2.299	1453.49	<0.0001	2.0833	0.9973
	M4	86.173	0.062	2.342	6922.77	<0.0001	2.3179	0.9995
	M5	189.700	0.119	1.352	28212.80	<0.0001	2.9914	0.9999
	M6	132.500	0.077	1.362	5360.66	<0.0001	6.0664	0.9995
	M7	78.466	0.069	1.735	2296.92	<0.0001	7.1214	0.9984
	M8	76.723	0.052	1.604	2329.88	<0.0001	4.6790	0.9984
	M9	64.904	0.083	1.589	4893.74	<0.0001	2.0659	0.9994
	M10	126.700	0.109	1.742	5151.52	<0.0001	7.2846	0.9995
	M11	95.089	0.082	1.854	1856.92	<0.0001	12.0624	0.9984
	M12	92.609	0.072	1.788	2212.91	<0.0001	8.2666	0.9986
	M13	75.742	0.074	1.539	8011.23	<0.0001	2.6852	0.9994
	M14	95.248	0.086	1.421	4286.51	<0.0001	5.1433	0.9993
	M15	104.000	0.079	1.517	2708.74	<0.0001	9.1078	0.9989
思茅区	P1	85.626	0.083	1.299	15214.90	<0.0001	1.5627	0.9997
	P2	103.100	0.064	0.900	2389.30	<0.0001	10.6625	0.9983
	P3	60.212	0.077	1.558	8649.00	<0.0001	2.5857	0.9992
	P4	77.530	0.093	2.018	3085.32	<0.0001	11.2619	0.9981
	P5	81.273	0.061	1.479	10924.50	<0.0001	2.8953	0.9994
	P6	88.959	0.067	1.647	10035.30	<0.0001	4.0738	0.9994
	P7	95.255	0.080	1.727	3493.46	<0.0001	6.1768	0.9991
	P8	92.376	0.057	1.393	1519.71	<0.0001	8.5236	0.9980
	P9	69.488	0.060	2.198	5367.80	<0.0001	4.8496	0.9988
	P10	113.700	0.118	0.960	8767.74	<0.0001	6.8011	0.9994
	P11	145.100	0.120	2.142	8237.25	<0.0001	10.0200	0.9996
	P12	99.226	0.106	1.367	4235.26	<0.0001	8.8183	0.9991
	P13	126.100	0.116	1.518	25875.60	<0.0001	3.5080	0.9998
	P14	62.776	0.053	1.925	1644.20	<0.0001	6.8494	0.9972
	P15	91.686	0.044	2.015	674.56	<0.0001	9.4149	0.9961
澜沧县	L1	128.600	0.088	2.074	9254.41	<0.0001	5.9530	0.9996
	L2	136.900	0.087	1.971	4914.21	<0.0001	13.8147	0.9992

区域	样地号	参数			F	PR $> F$	MSE	R^2
		A	B	C				
	L3	97.674	0.087	1.817	11558.30	<0.0001	3.5042	0.9996
	L4	60.352	0.048	1.866	3948.54	<0.0001	1.7918	0.9990
	L5	37.340	0.055	3.430	4212.96	<0.0001	0.9704	0.9990
	L6	97.363	0.072	1.750	2897.71	<0.0001	7.9839	0.9989
	L7	114.800	0.073	1.848	4302.75	<0.0001	4.7500	0.9995
	L8	90.999	0.084	1.780	2142.58	<0.0001	10.9677	0.9984
	L9	109.900	0.096	1.860	4113.52	<0.0001	14.0984	0.9988
	L10	111.600	0.071	1.825	2048.01	<0.0001	18.6762	0.9981
	L11	121.900	0.075	1.402	2447.44	<0.0001	26.2925	0.9978
	L12	76.056	0.071	2.119	1657.52	<0.0001	13.3996	0.9972
	L13	85.822	0.075	1.212	3469.69	<0.0001	10.3295	0.9983
	L14	88.998	0.103	1.153	1653.48	<0.0001	25.0549	0.9966
	L15	83.286	0.084	1.034	5584.96	<0.0001	6.9602	0.9988

附表 3　思茅松天然林思茅松胸径 Weibull 拟合情况统计表

区域	样地号	参数			F	PR $> F$	MSE	R^2
		A	B	C				
	M1	60.009	0.058	1.652	793.90	<0.0001	8.3647	0.9958
	M2	339.200	0.010	1.416	671.37	<0.0001	4.1268	0.9960
	M3	25.620	0.038	2.667	502.19	<0.0001	0.7380	0.9953
	M4	81.195	0.061	2.575	6081.06	<0.0001	2.3380	0.9995
	M5	107.400	0.088	2.132	5095.43	<0.0001	4.5747	0.9995
	M6	76.180	0.058	2.080	3273.87	<0.0001	2.3618	0.9992
	M7	71.272	0.066	1.875	1951.29	<0.0001	6.6600	0.9981
墨江县	M8	64.451	0.051	1.985	1968.77	<0.0001	3.8365	0.9981
	M9	58.292	0.081	1.677	3067.45	<0.0001	2.6417	0.9990
	M10	66.919	0.080	2.280	4916.15	<0.0001	1.6691	0.9995
	M11	66.718	0.069	2.208	1519.42	<0.0001	6.2155	0.9980
	M12	65.010	0.060	2.260	1183.77	<0.0001	6.1955	0.9975
	M13	62.440	0.067	1.779	7108.70	<0.0001	1.9492	0.9993
	M14	66.871	0.071	1.947	4529.29	<0.0001	2.1085	0.9993
	M15	63.364	0.067	2.911	2649.40	<0.0001	3.2425	0.9989

续表

区域	样地号	参数			F	PR > F	MSE	R^2
		A	B	C				
思茅区	P1	18.552	0.040	3.775	837.21	<0.0001	0.5905	0.9960
	P2	112.200	0.018	1.030	2106.60	<0.0001	2.4912	0.9983
	P3	22.705	0.044	1.955	2893.02	<0.0001	0.6913	0.9980
	P4	34.894	0.073	1.739	2128.28	<0.0001	2.9242	0.9972
	P5	37.654	0.049	2.640	7749.70	<0.0001	0.8104	0.9992
	P6	44.162	0.045	2.751	2297.83	<0.0001	1.3144	0.9986
	P7	46.340	0.061	3.136	2729.21	<0.0001	1.4776	0.9990
	P8	51.404	0.057	2.559	1006.64	<0.0001	4.2824	0.9970
	P9	53.067	0.056	3.742	24284.90	<0.0001	0.6217	0.9997
	P10	93.408	0.110	1.024	3830.95	<0.0001	7.4492	0.9990
	P11	108.000	0.119	2.469	6210.17	<0.0001	7.4139	0.9994
	P12	77.677	0.096	1.377	2805.06	<0.0001	7.7331	0.9986
	P13	65.881	0.099	1.710	15029.30	<0.0001	0.8163	0.9998
	P14	39.349	0.048	3.762	2300.41	<0.0001	1.8971	0.9980
	P15	60.442	0.050	3.117	816.01	<0.0001	4.3607	0.9967
澜沧县	L1	77.048	0.075	2.292	5760.72	<0.0001	3.1104	0.9994
	L2	45.506	0.059	2.601	2683.94	<0.0001	2.1242	0.9985
	L3	38.886	0.071	2.124	6350.39	<0.0001	0.6769	0.9994
	L4	57.708	0.035	1.742	3528.65	<0.0001	1.0385	0.9987
	L5	36.332	0.054	3.516	3916.51	<0.0001	0.9807	0.9989
	L6	65.931	0.057	2.178	3207.67	<0.0001	2.5743	0.9990
	L7	80.461	0.067	2.605	2531.24	<0.0001	3.7116	0.9991
	L8	56.877	0.068	1.896	1520.74	<0.0001	4.2816	0.9980
	L9	62.428	0.075	1.760	12281.30	<0.0001	1.3383	0.9996
	L10	61.462	0.052	2.514	3098.58	<0.0001	2.8037	0.9988
	L11	65.460	0.049	1.975	1754.89	<0.0001	8.0124	0.9970
	L12	20.964	0.040	3.030	1050.92	<0.0001	0.8658	0.9962
	L13	20.183	0.033	4.066	769.73	<0.0001	1.3130	0.9944
	L14	17.531	0.031	4.166	312.76	<0.0001	1.9162	0.9874
	L15	18.771	0.031	3.476	1043.04	<0.0001	0.9367	0.9952

附表 4　思茅松天然林其他树种胸径 Weibull 拟合情况统计表

区域	样地号	参数			F	$PR > F$	MSE	R^2
		A	B	C				
	M1	24.721	0.117	2.466	1308.37	<0.0001	0.7409	0.999
	M2	29.553	0.094	1.614	10762.90	<0.0001	0.488	0.9994
	M3	28.162	0.029	1.497	570.42	<0.0001	1.265	0.993
	M4	56.310	0.010	1.033	0.00			
	M5	87.330	0.235	1.000	0.00			
	M6	52.780	0.145	2.546	6776.75		1.0476	0.9997
	M7	11.843	0.095	2.190	2296.92			
墨江县	M8	34.646	0.039	1.287	2329.88			
	M9	64.904	0.083	1.589	4893.74	<0.0001	2.0659	0.9994
	M10	60.683	0.155	2.814	23559.40	<0.0001	0.206	0.99997
	M11	28.081	0.136	3.288	944.36	0.0011	0.9904	0.9993
	M12	28.115	0.127	2.187	20401.70	<0.0001	0.0521	0.9999
	M13	12.423	0.158	3.182	717.73	0.0014	0.2909	0.999
	M14	27.012	0.171	3.809	0.00			
	M15	34.544	0.188	2.196	986.87	0.0234	1.3381	0.9997
	P1	67.212	0.112	1.712	9399.15	<0.0001	1.301	0.9997
	P2	39.159	0.147	2.307	4740.10	<0.0001	1.4705	0.9992
	P3	39.078	0.108	2.119	4328.25	<0.0001	0.4968	0.9997
	P4	41.858	0.114	3.140	2900.18	<0.0001	1.57	0.9992
	P5	40.505	0.100	1.367	2629.48	<0.0001	2.7071	0.9982
	P6	46.683	0.109	2.317	20107.60	<0.0001	0.6997	0.9997
	P7	45.988	0.137	2.629	1242.86	<0.0001	3.6616	0.9987
思茅区	P8	27.315	0.151	1.279	1681.25	<0.0001	1.0321	0.9988
	P9	16.161	0.271	0.425	1765.34	<0.0001	0.7125	0.997
	P10	26.148	0.081	0.402	2003.14	<0.0001	1.0257	0.9975
	P11	36.810	0.129	1.538	1160.42	<0.0001	2.2067	0.9986
	P12	22.799	0.142	1.343	784.93	<0.0001	0.8665	0.9987
	P13	59.213	0.144	1.692	15311.20	<0.0001	1.3914	0.9996
	P14	19.144	0.112	1.752	1182.20	<0.0001	0.9501	0.9975
	P15	11.912	0.126	5.560	597.29	<0.0001	0.507	0.9973
澜沧县	L1	50.859	0.115	2.484	2226.87	<0.0001	1.8154	0.9994
	L2	91.384	0.108	2.666	4287.79	<0.0001	4.8365	0.9995

区域	样地号	参数			F	PR > F	MSE	R^2
		A	B	C				
	L3	58.348	0.103	1.825	5302.67	<0.0001	2.9447	0.9991
	L4	60.352	0.048	1.866	3948.54	<0.0001	1.7918	0.999
	L5	8.843	0.010	1.000	4212.96	<0.0001	0.9704	0.999
	L6	32.674	0.122	2.979	2791.24	<0.0001	0.5181	0.9996
	L7	28.336	0.145	1.962	4514.62	<0.0001	0.3229	0.9997
	L8	35.545	0.117	2.523	6145.96	<0.0001	0.7381	0.9995
	L9	47.882	0.126	4.116	1753.15	<0.0001	1.8871	0.9994
	L10	51.165	0.112	3.009	1767.00	<0.0001	4.7804	0.9983
	L11	57.617	0.126	2.907	1151.89	0.0009	3.0708	0.9994
	L12	55.507	0.091	3.392	1148.46	<0.0001	5.9368	0.998
	L13	63.970	0.112	2.480	1625.62	<0.0001	4.6767	0.999
	L14	73.468	0.131	3.209	4397.84	<0.0001	2.6171	0.9996
	L15	64.518	0.122	2.081	24495.50	<0.0001	0.3274	0.9999